MÉMOIRES

SUR LA

VITICULTURE ET L'OENOLOGIE

DE LA CÔTE-D'OR.

PAR

M. DE VERGNETTE-LAMOTTE,

ANCIEN ÉLÈVE DE L'ÉCOLE POLYTECHNIQUE.

DIJON,

IMPRIMERIE DE DOUILLIER, RUE DES GODRANS, 41.

—

1846.

DES TERRAINS

LIVRÉS

A LA CULTURE DE LA VIGNE

DANS LA COTE-D'OR.

Les pentes, exposées à l'est, des montagnes de la Côte-d'Or produisent, entre Santenay et Dijon, des vins célèbres et d'une grande variété de caractères et de prix. Souvent la seule distance de quelques mètres entre deux climats suffit pour établir entre les vins qui en sortent une différence de valeur très-considérable. Mais qu'il s'agisse pour nos crus d'un cachet de finesse ou de corps appréciable au palais du gourmet, ou de principes de durée et de bonne fin appréciables pour tous, comme toujours le fait se résumera en une question d'argent pour le producteur, il m'a paru utile de rechercher quelles étaient les causes qui pouvaient présider à l'élaboration de nos diverses sortes de vins, et, dans le cas où il serait possible d'expliquer par la nature du sous-sol les variétés que l'on constate dans les caractères de nos produits, d'en conclure une composition rationnelle des cuvées et la détermination des amendements convenables pour entretenir les hautes qualités des premiers crus et améliorer les crus inférieurs.

Exposition du terrain, son inclinaison, sa hauteur relative au-dessus de la plaine, sa composition chimique; températures extrêmes du pays; influences météorologiques dues au boisement de certaines sommités des coteaux et à l'ouverture des vallées : voilà certes un grand nombre de causes agissantes, et dont il a fallu tenir compte dans l'examen que je me suis proposé. J'indiquerai succinctement ici le résultat de mes observations, en insistant surtout sur la nature géologique et chimique des terrains, parce que c'est là que se trouve la solution du problème.

Position géographique.

(1) Dirigées vers le nord-est, les montagnes de la Côte-d'Or sont séparées du Jura par une plaine de formation tertiaire, et dont la largeur moyenne peut être évaluée à 60 kilomètres. De la plaine à la ligne de partage des eaux, perpendiculairement à la chaîne, on compte de 16 à 20 kilomètres. Dans cette largeur s'élèvent deux étages de collines : sur le premier versant, qui a l'exposition du sud-est, sont cultivés les grands crus de la Bourgogne; sur le versant du second étage, sont récoltés des vins inférieurs, dits vins d'arrière-côte. Entre Santenay et Dijon, la chaîne est coupée perpendicu-

(1) Cette notice est extraite de ma *Physiologie des Vignes et des grands Vins de la Côte-d'Or.*

lairement à sa direction par un grand nombre de petites vallées dont les eaux affluent dans la Saône.

Hauteurs absolues et relatives.

Plusieurs nivellements barométriques pris sur les escarpements élevés des bords de la Saône (Labergement-lez-Seurre, Gergy, etc.), et dans la ville de Beaune, m'ont amené à ce résultat, que la hauteur du pavé de l'église Notre-Dame de Beaune pouvait être regardée comme la moyenne de la hauteur de la plaine au-dessus du niveau de la Mer. Le sol des villages situés sur les escarpements des rives droites de la Saône se trouve à ce niveau. En admettant 272^m50 pour la hauteur au-dessus de la Mer du sommet de la boule de la lanterne de Notre-Dame, et 52 mètres pour la hauteur de ce même point au-dessus du pavé, nous avons 220^m50 pour la hauteur absolue au-dessus de laquelle s'élèvent nos vignobles.

Des nivellements barométriques pris sur les sommets du premier versant m'ont donné (Aloxe, Corton) 150 mètres d'élévation au-dessus de la plaine; à Beaune, j'ai trouvé 185 mètres; à Volnay, 177 mètres, etc., etc., pour cette même hauteur relative. Le second étage de collines est presque partout terminé, au fond des vallées qui y aboutissent, par de beaux escarpements de calcaire à entroques, dont la hauteur au-dessus de la plaine varie de 220 à 240 mètres. Sur les sommets de nos montagnes, au point de partage des eaux, j'ai constaté (Bessey-en-Chaume, rochers de Santosse, etc., etc.) des différences de niveau de 300 à 320 mètres.

Ainsi donc, en résumé, la plaine est à 220 mètres au-dessus de la plaine, les sommets du rameau sont à environ 170 mètres au-dessus de la plaine, les points de partage s'élèvent à 320 mètres au-dessus de la même base. C'est à l'abri de ces montagnes et aux influences météorologiques qui se développent dans le vaste bassin qu'elles dominent, que nous devons un climat si éminemment favorable à la culture de la vigne.

Température.

On s'est souvent préoccupé de cette idée, que les vignobles ne donnaient plus les mêmes qualités de produits qu'autrefois, parce que la température de la terre n'était plus la même. C'est une erreur. En remontant aux temps historiques, on trouve, dans les Commentaires de César, que la Seine gelait tous les hivers : dans Strabon, que le Pont-Euxin a été couvert de glace; que l'Adriatique, le Pô, que le Nil même, ont gelé dans certains hivers rigoureux. De nos jours on a observé encore quelques-uns de ces effets des froids intenses. En partant de ce principe, que si le mouvement diurne de notre planète était modifié, le mouvement de translation de la lune n'en serait pas altéré; comme les anciens avaient remarqué que la terre faisait 27 révolutions et demie sur elle-même avant que la lune se retrouvât au même point de la

sphère étoilée, et qu'aujourd'hui la durée de la
révolution de la lune est encore de 27 jours et
demi, il faut en conclure que nos jours sont de la
même longueur que ceux des Chaldéens. La terre
tourne donc avec la même vitesse; la terre n'a
donc pas changé de dimension; la température de
la terre n'a donc pas augmenté : car autrement
l'intervalle qui s'écoule entre deux révolutions
diurnes ne serait plus le même, et l'observation
des mouvements de la lune prouve le contraire.
Ainsi nous sommes aujourd'hui dans les mêmes
conditions de températures extrêmes que jadis. Les
températures moyennes de deux lieux peuvent
être identiques sans que les climats se ressemblent.
A Londres il fait en hiver moins froid qu'à Paris;
l'été est, en revanche, plus chaud à Paris qu'à Londres. Les températures des deux pays n'auront
donc pas la même influence sur l'agriculture. Ceci
explique comment, sous le même parallèle que le
nôtre, la culture du maïs ne réussit pas en grand
(en allant à l'ouest) au-delà de Nevers ; tandis
que sur les côtes de la Bretagne, à une latitude
plus élevée, les myrtes peuvent passer l'hiver en
pleine terre.

On a tracé sur la carte de France les limites de
la culture de l'olivier, du maïs et de la vigne; on a
ainsi obtenu trois lignes qui partent à l'ouest de
trois degrés plus bas que le point où elles se terminent à l'est. La limite de la culture du maïs part
de Blaye, à l'embouchure de la Gironde, passe au-
dessus de Périgueux, se contourne avec le bassin

de l'Allier, là où il est dirigé vers le nord pour atteindre Nevers ; de Nevers à Beaune, elle suit le parallèle, puis s'infléchit suivant la direction de la chaîne de la Côte-d'Or, remonte à Dijon, à Epinal, puis enfin elle enferme le bassin du Rhin, et se termine à Wissembourg.

La limite de la culture de la vigne part de l'embouchure de la Loire, passe un peu au-dessus de Chartres, de Paris, de Compiègne ; elle contourne le bassin de l'Aisne, passe au-dessus de Verdun, de Thionville, et suit la vallée de la Moselle.

Il suit de cet examen que la Côte-d'Or, à son point de vue de la culture de la vigne, se trouve dans les mêmes conditions de température que le Bordelais et les crus du Rhin, situés comme nous sur les limites de la culture du maïs. Les vignobles de la Loire, de la Champagne et de la Moselle sont placés sur les limites de la culture de la vigne, et par conséquent dans des positions isothermes. Enfin, si nous indiquons la limite de la culture de l'olivier, qui, partant de Prade, dans les Pyrénées-Orientales, passe au-dessus de Narbonne, de Lodève, d'Alais, traverse le Rhône au-dessous de Montélimar, s'élève jusqu'à Die pour redescendre à Gap et à Barcelonnette, nous fixerons par cette ligne la région qui produit en France les vins sucrés et de liqueur. Les vins du Rhône, du Béarn, se trouveront sur une ligne isotherme intermédiaire entre les limites de l'olivier et du maïs.

Dans la Côte-d'Or, de la plaine à la montagne,

la température varie seulement en moyenne d'un degré à un degré et demi centigrade. Mais si l'on se trouve dans des conditions différentes d'exposition, quand bien même les hauteurs relatives ne changent pas, les vignes ne donnent plus les mêmes produits, souvent elles ne peuvent fructifier. C'est ainsi que, sur les pentes des arrière-côtes exposées à l'est, on cultive encore la vigne avec succès à 180 mètres de hauteur au-dessus de la plaine, et sous l'influence d'une chaleur moins élevée que dans la Côte; tandis que sur le versant ouest, à cette même hauteur, la vigne n'amène ses fruits à bonne fin que dans quelques années privilégiées. Les plus grands froids observés à Beaune depuis 1838 sont consignés dans le tableau suivant :

1838	1839	1840	1841	1842	1843	1844	1845
—10	—5	—5	—8	—15	—17	—11	—18

Aux températures extrêmes de — 10° centigrades, les ceps peuvent subir les atteintes du froid. En 1845, par un hiver de 18°, les vignes n'ont cependant pas sensiblement souffert : cela tient à ce que, les terres étant couvertes de neige, la gelée n'a pas envahi le sol jusqu'aux dernières racines de la plante. Dans l'hiver de 1829 à 1830, par un froid égal, mais plus prolongé, et quand la terre était moins couverte de neige, beaucoup de plants ont péri. Quant aux limites de la plus grande chaleur, on n'a point observé plus de 35° (août 1842). Voici, enfin, pour donner un aperçu de la température maxima moyenne de l'année depuis 1838, les nombres qui représentent la somme des maxima de température recueillis chaque jour.

1838	1839	1840	1841	1842	1843	1844	1845
4769	5179	4917	4996	5374	5440	5175	»

Des Vents.

Les vents dominants du pays sont : la bise ou vent d'est, nord-est, et les vents d'ouest et sud-ouest. Voici un tableau qui constate, depuis 1838, quel a été le nombre de jours de chaque vent dominant pour les différentes périodes indiquées. Les vents d'ouest sont très-chargés de vapeurs; et quand ils se mêlent avec des couches d'air qui en contiennent peu, cela donne lieu à une précipitation d'humidité et à un dégagement de chaleur qui élève momentanément la température de l'atmosphère. On ne trouve point ce caractère dans les vents d'est qui traversent des continents.

	1838	1839	1840	1841	1842	1843	1844	1845
Vents dominants de quatre mois d'hiver (janvier au 1er mai. Nombre de jours).	39 N. 49 S.	48 N. 45 S.	56 N. 33 S.	50 N. 45 S.	57 N. »	45 N. »	52 N. »	» »
Vents dominants de quatre mois (1er mai au 1er septembre).	42 N. 45 S.	46 N. 42 S.	35 S. 42 O.	40 O. 35 N.	40 N. 33 S.	46 S. 30 O.	36 O. 34 S.	» »
Vents dominants de septembre (vendange).	18 O. 7 S.	19 S. 7 O.	12 S. 8 O.	16 S. 6 O.	14 N. 14 O.	9 N. 17 E.	15 E. 6 S.	» »
Vents dominants de trois mois d'automne (1er octob. au 1er janvier).	35 N. 36 S.	45 N. 28 S.	40 N. 22 S.	36 S. 32 O.	47 N. 37 S.	39 N. 8 S.	» »	» »
Vents dominants de l'année.	121 N. 137 S.	132 N. 134 S.	132 N. 102 S.	109 N. 105 S.	169 N. 105 S.	119 N. 135 S.	119 N. 108 S.	» »

Les vents les plus favorables aux produits de la Bourgogne sont les vents du nord, surtout quand ils règnent dans la période qui précède la vendange. Cela tient à ce qu'ils sont moins chargés de vapeurs d'eau ; et on sait que les pluies sont très-funestes aux raisins. En 1837 et en 1838, la récolte, qui n'eut lieu qu'au 10 octobre, fut précédée par plusieurs jours de bise.

De la Pluie.

Les quantités d'eau tombées du 1er janvier au 31 décembre sont consignées dans le tableau suivant, qui donne aussi le nombre de jours de pluie correspondant.

1838	1839	1840	1841	1842	1843	1844	1845
0,646	0,837	0,832	0,909	0,527	0,719	0,685	»
112	128	101	118	94	101	112	»

En moyenne, il est donc tombé 0,745 d'eau par an, et cela en 108 jours de pluie.

Dans la période qui s'est écoulée de 1736 à 1741 les statistiques ne constatent en moyenne par an que 102 jours de pluie ainsi répartis :

1736	1737	1738	1739	1740	1741	»	»
114	103	93	98	106	99	»	»

On conclurait de la comparaison de ces deux tableaux qu'il y avait plus de jours de pluie il y a un siècle qu'on n'en observe aujourd'hui. Des recherches faites dans le but d'éclairer cette question, et embrassant des périodes plus longues, ne seraient point sans quelque intérêt.

La moyenne de l'eau tombée par an étant de 0,745, il ne m'a pas paru inutile de grouper les chiffres qui représentent la somme des quantités d'eau tombées, en partant du 1er septembre de chaque année jusqu'au 31 août suivant. Voici les nombres obtenus dans ces calculs :

1839	1840	1841	1842	1843	1844	1845	»
—	—	—	—	—	—	—	—
0,625	0,735	1,005	0,747	0,796	0,567	»	»

La probabilité que l'on aura de subir beaucoup de pluie en septembre pourra approximativement se baser sur ce qui sera tombé d'eau pendant l'année qui aura précédé. Ainsi, 1839 et 1844 étant, à cette époque, restés au-dessous de la moyenne (0,745) pour les quantités d'eau tombées, on devait s'attendre à un automne très-pluvieux. Les observations faites dans le mois de septembre qui a suivi les années consignées dans le tableau ci-dessus, donnent pour le nombre de jours de pluie constatés et les quantités d'eau correspondantes les chiffres suivants :

1839	1840	1841	1842	1843	1844	1845
—	—	—	—	—	—	—
15	14	10	14	1	12	»
0,035	0,030	0,025	0,018	»	0,026	»

La comparaison de ces différents tableaux nous montre que les résultats n'ont pas, jusqu'à un certain point, démenti les prévisions.

On a observé en moyenne, par la discussion des jours de pluie de septembre, que du 1er au 15 de ce mois, il y en avait 3,75, pendant lesquels il pleuvait, tandis qu'au contraire du 15 au 30 le chiffre des jours pluvieux s'élevait à 7,25. On peut en conclure qu'il y aura toujours un grand désavantage à placer l'époque de la vendange dans cette seconde quinzaine de septembre.

Je ne crois pas, comme l'ont avancé plusieurs personnes, que les masses d'eau retenues dans les vastes réservoirs du Canal de Bourgogne aient pu avoir de l'influence sur la quantité d'eau tombée dans notre pays pendant l'automne, et sur les grêles qui l'ont ravagé plusieurs années de suite. Le point de départ des orages se trouve toujours beaucoup au-delà de nos montagnes, et ils nous arrivent par les vallées, soit de la Loire (et c'est le cas le plus fréquent), soit par celles de la Seine, de la Haute-Saône ou de la Basse-Saône.

Boisement de la montagne et de la plaine.

La chaîne de nos grands crus est en général dénudée. Sur quelques points seulement des sommités se trouvent des bois peu garnis et d'une pauvre végétation (Santenay, Chassagne, Savigny, Pernant, Aloxe, Nuits, Gevrey, etc.

Le second étage est planté. Il s'y trouve des forêts d'une assez vaste étendue et d'une belle croissance. La plaine, à la distance de 6 ou 8 kilomètres de la Côte, est couverte de bois d'une superbe végétation qui s'étendent jusqu'à la Saône, éloignée de 16 à 20 kilomètres de nos vignobles. Par suite du déboisement des sommités des premières collines, et des travaux d'assainissement exécutés dans la plaine, le sol doit se dessécher plus rapidement que jadis; l'état hygrométrique a donc pu varier. Il est une époque de l'été où le raisin demande une certaine humidité à l'atmosphère; c'est dans cette période de sa croissance qui précède la maturation. Si le terrain est desséché, que l'air ne soit pas chargé de vapeurs, le fruit *arsit* ou *s'enferre*, et son développement languit.

Les reboisements du sommet de nos montagnes contribueraient à rendre ce mal moins fréquent. Toutefois, comme c'est à une époque très-reculée qu'ont disparu les bois de la Côte, on ne doit pas attribuer à ce fait une grande action sur les qualités de nos produits, dont les siècles antérieurs ont fait la réputation.

Système géologique de la Côte-d'Or.

Les montagnes de la Côte-d'Or sont de formation oolitique. Les couches plongent en général vers le sud-est, sous une faible inclinaison. Une coupe perpendiculaire à la chaîne qui se prolongerait jusqu'au massif porphyrique du Mont-Beuvray, qui est le point le plus élevé du Morvan, et se trouve au milieu du centre d'action qui a soulevé le Mont-Afrique, donnerait en profil (fig. 1), 1° les terrains tertiaires de la plaine, qui contournent nos montagnes depuis Dijon jusqu'à Beaune, Meursault, Chagny, le Bourgneuf, etc., etc.; 2° les étages de l'oolite inférieure, qui prennent plus de développements quand on marche vers le nord, et qui, en face des vignobles de Beaune, vont jusques au-delà de Bligny-sur-Ouche; 3° les formations du lias, qui s'étendent jusqu'à Arnay, et constituent le sous-sol des riches terres à blé de l'Auxois; 4° près d'Arnay on rencontre une lisière peu large de marnes irisées, lisière qui se retrouve presque partout, en Bourgogne, au contact du granit et des formations secondaires. Enfin on arrive, 5° aux granits des environs de Liernais, de Saulieu, etc., etc.; 6° aux porphyres et trapps qui constituent le sol du Morvan.

Hauteurs des divers étages géologiques.

Les montagnes de ces divers étages géologiques présentent des sommets assez élevés. Ainsi, notre plaine tertiaire étant, comme nous l'avons vu, à 220 mètres au-dessus du niveau de la mer, les premiers escarpements de la Côte sont à 400 mètres de hauteur absolue. Les derniers s'élèvent à 530 m., à la ligne de partage qui sépare le bassin de la Saône de celui de la Loire. Les terrains de l'Auxois ont des sommets élevés de 400 à 500 mètres. Enfin, les formations granitiques atteignent, vers le Creusot, 510 mètres, et les porphyres 820 mètres au mont Beuvray.

Le système de la Côte-d'Or établit donc au-dessus de nos vignobles, et contre les vents d'ouest et de nord-ouest, un double abri : celui du Morvan d'abord; 2° celui des formations oolitiques, dont nous cultivons les coteaux les plus voisins de la plaine.

Direction des eaux souterraines de la Côte-d'Or.

Nos montagnes étant inclinées à l'est, et les assises qui les constituent se relevant vers les pentes porphyriques et granitiques du Morvan, les eaux souterraines de toutes les formations de la partie est de la chaîne doivent, en général, s'infiltrer sous les terrains oolitiques. Nul doute que si à l'ouest se trouvaient de vastes cours d'eaux et des terrains très-perméables, on ne fût, pour les villages de la Côte, dans les conditions les plus favorables au percement des puits artésiens; mais, comme le sol des plaines de l'Auxois est constitué par une argile compacte, que d'ailleurs les cours d'eau de ces localités ont peu d'importance, si les puits forés peuvent réussir sur les points qu'aucune faille ne séparera du massif du système, en ce qu'ils donneront des sources jaillissantes, ils ne fourniront jamais qu'un petit volume d'eau.

Accidents géologiques locaux.

Par leur relief actuel, les montagnes que nous livrons à la culture de la vigne paraissent avoir éprouvé quelques accidents locaux postérieurs à la grande cause de soulèvement signalée dans la théorie de M. Elie de Beaumont. Les couches des premiers chaînons paraissent quelquefois plonger à l'ouest; les eaux de la surface sourdent dans les vallées longitudinales. Les puits de certains villages situés au pied des coteaux ne donnent d'eau qu'à une profondeur de 20 mètres au moins, tous effets qui seraient peu d'accord avec une inclinaison régulière au sud-est. Les vallées qui aboutissent à la plaine tertiaire se terminent souvent (Santenay, Saint-Romain, Bouilland, etc., etc.) par de beaux escarpements verticaux de calcaire à entroques (fig. 5). Ces escarpements, d'une hauteur de 40 à 50 mètres, sont placés sur une même ligne dirigée vers le nord-nord-est à 36° du nord. Les couches de plusieurs des premiers chaînons plongent dans la même direction, en inclinant vers l'ouest-ouest-nord; ce fait, rapproché de la pente que suivent les eaux souterraines infiltrées à la surface, et constaté sur un grand nombre de points, ne semblerait-il pas indiquer que postérieurement au soulèvement de la chaîne entière, et dans sa portion le plus à l'est, il y a eu un affaissement longitudinal et plongeant à l'ouest de cette partie du système, affaissement qui aura produit les déchirements auxquels sont dus : 1° les escarpements de calcaire à entroques qui terminent les vallons; 2° les vallées longitudinales qui séparent les coteaux sur lesquels sont cultivés les grands crus, des montagnes plus élevées dont les crêtes forment la ligne de partage des eaux.

Dépôts lacustres supérieurs.

Au fond des vallées qui aboutissent à la plaine, on trouve souvent des indices certains de l'existence des anciens lacs qui ont dû les couvrir : ainsi, à Saint-Romain, sur les marnes du lias qui paraissent à la base des escarpements, on rencontre divers dépôts d'alluvions, et on voit encore

les restes de la chaussée qui a dû y retenir les
eaux. Cette chaussée est formée par une sorte de
filon de marbre qui se présente en travers de la
vallée, et est rompu dans son milieu. Cette roche,
exploitée sous le nom de marbre de Saint-Romain,
n'est point stratifiée : elle se compose d'une espèce de ciment oolitique qui empâte tantôt des
fragments de calcaire compacte à cassure conchoïde parfaitement homogène, susceptible d'un
beau poli, et dont les analogues dans le voisinage
sont employés comme pierres lithographiques; tantôt des fragments oolitiques. C'est l'ensemble de
ces deux espèces de calcaire qui constitue, quand
ils sont passés à l'état saccharoïde, le plus bel
échantillon de marbre de Saint-Romain. Au contact de la roche passée à l'état de marbre, on
voit (avant d'arriver au village de Saint-Romain-
le-Bas) les couches de calcaire oolitique se con-
tourner et se relever comme l'eût pu faire une
substance pâteuse dans le voisinage d'un corps
soulevé (fig. 7).

A Santenay, on trouve aussi un gisement de
marbre; et la direction de ces deux gisements est
celle de la chaîne. A Saint-Romain, on voit en
place, au fond de la vallée, les mêmes oolites qui
paraissent sur le plateau de la première chaîne. Si
on rapproche de tous ces faits l'existence des
beaux escarpements que nous avons signalés, et la
direction que prennent les eaux pluviales du premier étage, on en tirera cette conséquence, qu'il
y a eu là une faille; et la présence, à 4 kilomètres

de ce point, des trapps et porphyres de Molinot, indique qu'à Saint-Romain les formations de calcaire saccharoïde sont aussi accompagnées de ces roches d'origine volcanique que nous avons rencontrées si souvent à côté des marbrières des Pyrénées. C'est à cette faille que nous devons la contre-pente observée dans le premier étage de la Côte-d'Or, et que j'ai signalée plus haut.

S'il est quelques lacs supérieurs qui ont dû s'écouler dans le cataclysme qui a desséché notre plaine, d'autres amas d'eau n'ont été vidés que postérieurement : c'est ainsi qu'à Volnay (le village), à Lulune, près Beaune, à Pernant, etc., etc., on observe des dépressions du sol plus modernes, et certaines alluvions particulières qui recouvrent l'oolite. Ces dégradations sont les dernières dont le sol de notre pays conserve les traces, et la configuration du terrain n'a point dû changer depuis les temps historiques.

Le versant est de la première chaîne est celui qui, par son importance agricole, demande une étude plus approfondie. Avant de passer à la description géologique des assises qui le composent, je dirai encore quelques mots de son relief actuel. On observe souvent une double pente sur ses flancs (fig. 6). A partir de la plaine, se trouve d'abord une pente douce, puis une pente brusque qui s'infléchit de nouveau et se relève jusqu'aux escarpements du sommet de la montagne : ce fait s'explique par une différence de structure dans les couches qui composent cet étage oolitique. Ainsi, là où la pente est brusque, au milieu comme au sommet du versant se trouve un calcaire dur, et peu susceptible de désagrégation. Dans les intervalles, on rencontre des calcaires tendres et des marnes qui ont moins résisté à l'action des agents atmosphériques. Les assises inégalement dégradées ont dès-lors affecté cette forme à double section cycloïdale que représente la figure (fig. 6).

Après avoir donné cette description succincte du relief actuel de la Côte-d'Or, j'indiquerai, par quelques coupes, les suites géologiques que l'on observe en allant de la plaine au terrain granitique; puis, enfin, je soumettrai à un examen détaillé les assises qui sont livrées à la culture de la vigne dans les premiers crus (fig. 2).

Coupe entre Decise et Santenay.

Entre Decise et Santenay, perpendiculairement au cours de la Dheune, nous trouvons le granit et les gneiss au fond des vallées étroites qui sillonnent la montagne de Saint-Sernin-du-Plain. On rencontre une syénite à cristaux roses de feldspath empâtés par l'amphibole qui y domine; cette roche est à peine micacée. Au-dessus est une arkose dure composée de grains amorphes de quartz avec cristaux de baryte sulfatée réunis par un ciment calcaire. On trouve la succession suivante de terrains, en partant de la vallée de la Dheune, et marchant à l'ouest :

1° Terrains primitifs que les ravins un peu profonds mettent à nu;

2° Une arkose dure;

3° Une arkose friable ;

4° Un grès dur, presque compacte, de 2 à 3 mètres de puissance;

5° Grès poreux tendre, avec ciment calcaire;

6° Formation puissante de marnes irisées rouges et vertes. On y trouve des dépôts et exploitations de gypse (Decise, Sampigny, etc., etc.);

7° Un calcaire ferrugineux à petits grains oolitiques. Il forme une assise assez épaisse; et c'est dans un terrain équivalent que sont exploités près de Couches les minerais de Chalencey, minerais qui sont fondus au Creusot;

8° Des marnes bleues compactes, qui sont à la base du calcaire à gryphite, et retiennent les eaux;

9° Enfin, un calcaire à gryphite très-caractérisé, avec gryphées, plagiostomes, etc., etc. Ils forment une assise assez épaisse, et constituent le sous-sol des plateaux de Saint-Gervais, de Civry, etc., etc. — En descendant le versant ouest, dont les eaux affluent dans la Loire, nous retrouvons les marnes bleues, les formations de marnes irisées avec un calcaire à lumachelles, puis des grès; enfin nous arrivons soit aux gneiss, soit aux terrains houilliers, soit aux trapps et porphyres du Morvan, qui font une pointe jusque vers Epinac et Molinot.

Sur la rive droite de la Dheune, on est en plein lias, et les sommités présentent plus loin les calcaires oolitiques. Une coupe qui serait faite à la hauteur de Saint-Léger-sur-Dheune, traverserait sur les deux rives les formations de marnes irisées qui, sur la droite, nous offrent plusieurs belles exploitations de gypse (fig 3).

Coupe entre Santenay et Meursault.

Entre Santenay et Meursault on s'élève des terrains tertiaires de la plaine aux oolites qui forment la plus grande partie des roches de la première chaîne. Les vallées un peu profondes, comme à La Rochepot, Saint-Romain, Meloisey, etc., etc., mettent à nu le lias; quelquefois même (environs de Nolay) on trouve les terrains primitifs dans les ravins. En descendant sur le versant du bassin de la Loire, on arrive aux marnes irisées. Mais ici les grès subordonnés à cette formation ont pris un développement considérable aux dépens de celui des marnes, et les dépôts de gypse sont plus rares. Enfin, au fond des vallées qui affluent dans la Drée (Morlet, Saisy, Canada, Molinot), on trouve les granits et les gneiss.

Coupe entre Meursault et Volnay, etc., etc.

Entre Meursault et Volnay, Volnay et Beaune, Beaune et Nuits, Nuits et Dijon (fig. 4.), on s'élève toujours des terrains tertiaires de la plaine aux oolites; et sur l'autre versant on trouve successivement les lias, les marnes irisées et les terrains primitifs. Plus on va au nord, plus les terrains secondaires prennent de développement; et alors, sur le même parallèle que Gevrey, on ne rencontre le granit qu'un peu avant Saulieu. Dans ce cas, les vallées dénudées nous présentent les formations du lias, et quelquefois de légers lambeaux de marnes irisées. A Sainte-Sabine, on va jusqu'à l'arkose.

Après cet exposé succinct des positions géographiques et géologiques de nos montagnes, nous allons entrer dans quelques détails plus précis sur la nature des assises qui servent de sous-sol aux vignes des grands crus. Je décrirai à ce sujet une suite de coupes prises depuis Santenay jusqu'à Premeaux.

Santenay et Chassagne.

Entre Santenay et Chassagne, on observe la succession suivante de calcaires divers, en allant de bas en haut :

1° Un calcaire oolitique régulier, blanc;

2° Un calcaire à cassure conchoïde;

3° Une oolite blanche régulière, donnant de la taille et de la bonne pierre mureuse;

4° Un calcaire compacte, gris, à cassure conchoïde;

5° Un calcaire marneux;

6° Un calcaire marneux fétide;

7° Un calcaire oolitique à tendrières magnésiennes;

8° Un calcaire oolitique, avec dépôt de sables magnésiens;

9° Une oolite grossière avec bancs coquilliers et nombreux débris de coraux. Des couches de cette assise sont exploitées pour la toiture en pierres (dites *laves*) de quelques maisons des villages de la Côte.

Dans la plaine cultivée de vignes que domine cette montagne, on rencontre fréquemment des rognons de minerais de fer oxidé rouge. Le sol est éminemment ferrugineux.

Puligny, Meursault.

Une coupe faite entre Puligny et Meursault nous donne :

1° Un calcaire oolitique fin et régulier, perméable à l'eau. Les carrières de Puligny sont exploitées dans ce banc;

2° Un calcaire oolitique gris et demi-marneux;

3° Une oolite blanche et régulière, s'exploitant par grands bancs, et donnant de belle taille;

4° Un calcaire à tendrières magnésiennes, à oolites miliaires, qui produit la belle taille dite de *Beaumontot;*

5° Un calcaire dur, compacte, alternant avec des oolites grossières;

6° Un calcaire caverneux dolomitique, avec dépôt de sables magnésiens, exploités pour les verreries;

7° Une oolite miliaire, exploitée pour laves;

8° Des marnes rouges très-coquillières, et dans lesquelles abondent surtout les térébratules;

9° Un calcaire à pâte fine, se délitant;

10° Un calcaire à pâte demi-oolitique et marneux;

11° Un calcaire à pâte plus fine, dur, caverneux, formant les escarpements de Blagny et de Gamay;

12° Enfin un calcaire oolitique grossier et souvent caverneux.

Les calcaires n°s 1, 2, 3, 4, situés au-dessous du calcaire magnésien, constituent le sous-sol des vignes de Montrachet et des meilleurs crus en blanc de Meursault. Le vignoble de Blagny est planté dans les calcaires supérieurs ou calcaire magnésien.

On voit, d'après cette seconde suite, que les dépôts de sables magnésiens qui occupaient à la hauteur de Santenay le sommet de la montagne se trouvent ici placés à mi-côte. Nous les observerons sur plusieurs autres points du versant (est), et leurs caractères bien tranchés pourront servir de repère pour la comparaison, d'un lieu à l'autre, des couches qui leur seront ou inférieures ou supérieures.

Coupe entre Meursault et Volnay.

Ainsi, dans la coupe prise entre Meursault et Volnay, et qui nous donne à la base de la montagne une suite de calcaires non gélifs peu oolitiques, constituant l'excellente taille du *Cromain*, et des calcaires très-durs mal stratifiés, nous retrouvons (près de Manche, au-dessus de Meursault), à un niveau très-peu élevé, les mêmes calcaires caverneux, avec les dépôts de sables magnésiens. Au-delà, nous avons constaté la succession suivante :

1° Des calcaires oolitiques coquilliers, avec débris nombreux de coraux et de madrépores;

2° Des calcaires à géodes de chaux carbonatée;

5° Des marnes bleues et jaunes très-coquillières, avec strates peu épaisses de calcaires à coraux;

4° Des calcaires oolitiques miliaires, avec nombreuses encrines;

5° Un dépôt de marnes blanches;

6° Des calcaires à pâte fine et pouvant être employés comme pierres lithographiques : cette roche forme les escarpements que l'on observe entre
Monthelie et Volnay;

7° Enfin le plateau est terminé par une oolite
grossière, dont quelques assises sont exploitées
pour laves.

C'est dans les calcaires n°ˢ 1, 2, que sont cultivées les vignes de Cailleret, Santenot (Volnay), etc.,
etc. Le calcaire n° 4, qui est plus dur, donne à la
montagne la double pente dont nous avons parlé
plus haut. Au-dessus est une puissante formation
de marne blanche dans laquelle sont cultivés les
Clos des Chênes de Volnay.

Coupe entre *Volnay et Pommard.*

Entre Volnay et Pommard, nous avons un calcaire oolitique dur, puis un calcaire marneux; à la
hauteur de la Chapelle de Volnay, on se trouve
sur un calcaire rose très-dur et compacte, empâtant des grains d'un vert pâle : la roche prend un
aspect porphyrique. Au-dessus, viennent des terrains marneux, desquels sortent les sources de
Volnay et les fontaines qui alimentent Pommard.
Enfin, les sommités sont couronnées par des escarpements de calcaires lithographiques.

Aux climats des *Angles,* des *Fremiers,* des *Rugiens,* des *Chaponnières,* etc., etc., les vignes sont cultivées sur les calcaires durs. Aux *Pitures,* aux *Chanlins,* et aux *Rugiens* dits *Rugiens-Hauts,* on est dans les marnes blanches. On trouve près du climat des *Rugiens* quelques lambeaux de calcaires magnésiens.

Coupe entre Pommard et Beaune.

Entre Pommard et Beaune, de la base de la montagne à son sommet, on rencontre la succession suivante :

1° Un calcaire dur spathique sans fossiles;

2° Une formation puissante de calcaires magnésiens;

3° Des calcaires marneux;

4° Des calcaires lithographiques.

Les vignes des *Pezerolles, Arvelets , Charmots,* etc., etc., à Pommard; et certains clos des *Mouches,* de Beaune, sont plantés dans des calcaires magnésiens. Les assises des montagnes qui avoisinent Pommard plongent dans un sens opposé au village; elles en éloignent donc les eaux pluviales, et ceci explique pourquoi on ne rencontre les sources des puits qu'à une grande profondeur.

Coupe entre Beaune et Savigny.

Entre Beaune et Savigny on observe une alternance de divers calcaires oolitiques plus ou moins compactes. A la base des collines sont des oolites à grains serrés, contenant une prodigieuse quantité d'encrines, puis des calcaires marneux; enfin, des calcaires oolitiques grossiers à trous sinueux, et exploités comme roches pittoresques pour les jardins paysagers. Ce dernier calcaire empâtant des géodes magnésiennes moins dures, l'action des agents atmosphériques, à la surface de ces roches, détruit plus facilement ces dépôts mal agrégés que le calcaire environnant : il en résulte des pierres percées de trous nombreux au milieu desquels croissent quelques buis rabougris, et qui donnent à certains plateaux de nos montagnes un caractère aride et très-sauvage. Les Grèves, les Cras, etc., etc., sont sur les oolites à encrines. Certains *marconnets* sont sur les marnes de cette suite.

Savigny, Pernant.

Entre Savigny et Aloxe, ce sont des successions analogues d'oolites compactes; de marnes et d'oolites grossières qui s'étendent sur le plateau.

Aloxe, Corton.

La montagne sur laquelle sont cultivés les meilleurs crus d'Aloxe m'a présenté les terrains suivants :

1º Un calcaire oolitique, coquillier, avec beaucoup d'encrines;

2º Une formation marneuse assez puissante composée de marne jaune et blanche; de bancs de calcaire marneux, avec détritus d'oolite; enfin, des bancs avec détritus de calcaire terreux;

3º Les escarpements de la montagne de Corton sont formés par une oolite miliaire à encrines;

4° Enfin, le plateau est recouvert d'une oolite grossière.

Magny, Buisson, La Douée.

Il existe à La Douée (commune de Serrigny), une brèche dite pierre de La Douée, susceptible de recevoir un beau poli, et qui se trouve à la base de la montagne. Des sources abondantes d'une eau vive et très-pure sortent de ces assises. Au-dessus de la brèche est un calcaire compacte, puis un calcaire oolitique exploité comme laves; enfin, un dépôt de marnes blanches qui contiennent beaucoup de térébratules, et sont recouvertes par une oolite grossière.

Cette description des diverses couches qui sont mises à nu sur la pente de nos coteaux, montre qu'on peut les ramener à un petit nombre de variétés. Ainsi, on retrouve presque partout : 1° un calcaire oolitique plus ou moins compacte, plus ou moins grossier, plus ou moins pétri d'encrines et de débris de coraux; 2° une formation de marnes blanches, souvent très-coquillières, dans laquelle abondent surtout les térébratules. Un calcaire lithographique lui est superposé dans plusieurs localités. 3° Un calcaire friable empâtant des sables magnésiens, et connu sous le nom de *bousard* dans le pays; il est employé comme grès dans la construction des fours et des cheminées, là où la pierre est plus exposée au contact du feu; 4° enfin, un calcaire grossier, à trous sinueux, et qui couvre ordinairement les plateaux du premier chaînon.

Classement géologique de ces terrains.

S'il est possible d'établir quelque parallèle entre nos formations oolitiques et les étages anglais (fig. 5), ce que je crois difficile, je comparerais à l'oolite de Bath les calcaires de Puligny et de Beaumontot. Ces calcaires de Puligny sont, comme nous l'avons vu, régulièrement oolitiques, blancs, homogènes, d'une taille facile; ils s'exploitent par grandes assises. Les pierres de Beaumontot (Meursault), toujours à aspect oolitique, contiennent quelques tendrières magnésiennes, sont rosées, donnent aussi de beaux blocs, sont peu gélives, et ont mérité, avec les *Cromains*, aux tailles de Meursault la haute réputation dont elles jouissent dans nos contrées. Le calcaire à entroques des escarpements qui surplombent le fond des vallées serait l'équivalent de l'oolite inférieure. Les brèches de La Douée appartiendraient au forest – marbre; enfin, les marnes inférieures, au calcaire lithographique, et ce calcaire serait au même étage que le cornbrash, à moins qu'elles n'appartiennent à l'Oxford-Clay. Toutefois, je dois dire que la coquille caractéristique de l'argile d'Oxford, la Gryphæa dilatata, est fort rare dans cette formation.

Direction des couches.

En allant du sud au nord, les couches que nous avons décrites ne se rencontrent pas à la même hauteur relative au-dessus de la plaine. Ainsi, les calcaires magnésiens qui sont sur le plateau de

Santenay se perdent avant Beaune, et les marnes blanches, situées au-dessus du village de Volnay, sont presque au bas de la montagne de Corton. En un mot, les formations oolitiques plongent au nord-est, prennent plus de développement, et nous offrent des couches d'un étage plus élevé à mesure qu'on s'éloigne du midi.

Dépôts d'alluvion.

Il est encore deux autres dépôts dont je dois parler, pour arriver à la description complète des terrains qui constituent le soul-sol de la vigne de la Côte-d'Or : 1° la formation tertiaire qui couvre la plaine; 2° une alluvion lacustre que l'on rencontre dans plusieurs localités.

Dépôt tertiaire.

Le dépôt tertiaire, qui s'étend du Jura aux montagnes de la Côte-d'Or, et de Dijon à Lyon, vient se terminer aux formations oolitiques suivant une ligne qui suit à peu près la direction de la chaîne. Des coupes faites dans ce terrain donnent : 1° des bancs de cailloux roulés, posés suivant leur grand axe. Leur aspect indique un séjour prolongé dans les eaux; ils sont de calcaires oolitiques compacts appartenant aux étages jurassiques. Au-dessous se trouvent, 2° des marnes argileuses, des argiles, et quelquefois des sables argileux. On rencontre dans ces sables de très-curieux débris de fossiles, tels que défenses et mâchoires d'éléphants, dents de mastodontes, etc., etc., et ossements de ces divers animaux (gisement de Bligny-sous-Beaune, tranchée de la voie de fer à Chorey, etc., etc.). D'autres fois le sous-sol est marno-argileux et constitue les bonnes terres du pays. Ailleurs il est argilo-siliceux, comme dans les terrains froids de la Bresse. Cette formation lacustre paraît plus ancienne que les dépôts qui accompagnent les blocs de transport.

Dépôts d'alluvion.

Lorsque les petits lacs supérieurs qui se trouvaient au fond de nos vallées se sont écoulés, il a pu se déterminer une alluvion boueuse dont on doit retrouver les traces dans la plaine. C'est à cette cause que j'attribue les dépôts qui couvrent le terrain tertiaire en face de plusieurs des vallées ou anfractuosités du versant est (Chassagne, Meursault, dépression de Volnay, Pommard, Lulune, Savigny, Nuits, etc.), et au milieu desquelles coulent les ruisseaux actuels. A Pommard, le tracé de la voie de fer, qui passe à 1 kilomètre de Beaune sur un remblai de 6 mètres de hauteur, traverse au contraire la Vandaine (rivière de Pommard) au moyen d'une tranchée profonde, bien qu'elle coupe cette alluvion à 3 kilomètres de la Côte. Ces dépôts sont formés le plus souvent de marnes argileuses brunes et très-ferrugineuses empâtant une plus ou moins grande quantité de pierrailles à cassure oolitique qui conservent leurs angles, et n'ont point dû par conséquent séjourner long-temps dans les eaux.

Il résulte de ce qui vient d'être exposé sur la nature géologique des pentes et des plaines des environs de Beaune, qu'en ajoutant aux calcaires oolitiques, aux marnes, aux calcaires magnésiens des coteaux, les alluvions sablonneuses et argileuses d'origine tertiaire de la plaine et les dépôts lacustres argilo-calcaires qui se trouvent à l'embouchure de quelques vallées, ou au-dessous de certaines anfractuosités du versant, nous pouvons diviser en six classes les sous-sols des terrains livrés à la culture de la vigne. Il y aura quelques positions moyennes: ainsi, dans les suites que nous avons données, entre deux couches de caractères bien tranchés, il y a presque toujours des roches de composition mixte, qui sont le passage de l'une à l'autre. Si nous nous bornons à l'analyse chimique des terrains les mieux caractérisés et à la description des crus correspondants, il sera facile de faire une application convenable de nos conclusions à tous les cas intermédiaires.

Position des vignobles de la Côte-d'Or.

Les versants est de la première et de la seconde chaînes de la Côte-d'Or sont, comme nous l'avons vu, couverts de vignobles. La plaine est également plantée jusqu'à la distance moyenne de 6 kilomètres du pied de la montagne. Aux sommets des versants, à 10 ou 15 mètres de distance verticale des derniers escarpements, la vigne n'est plus cultivée. Sur les plateaux qui couronnent les deux chaînes, cette culture ne réussit pas.

Les Boisements des sommets sont sans influence sur la qualité des crus qu'ils dominent.

Nous avons dit que les boisements des sommités du premier rameau étaient sans influence prononcée sur les qualités des crus qu'ils dominent. En effet, puisqu'on trouve à Santenay, à Chassagne, à Savigny, etc., etc., au-dessus des climats les plus en discrédit, tout autant de bois qu'on en observe au-dessus des Corton, des Vergelesse, des Pernant, des Chambertin; tandis qu'au contraire les pentes qui s'élèvent au-dessus des Montrachet, des Santenots, des Rugiens (Pommard), des Marconnets (Beaune), sont entièrement dénudées. On peut affirmer que la présence des bois ni leur absence n'impliquent l'exclusion des grands crus dans leur voisinage.

Action de l'ouverture des vallées.

L'ouverture des vallées dans la plaine semblerait peu favorable aux vignobles qui y sont situés. Les terrains qui se trouvent dans cette direction sont plus exposés aux orages, aux grêles, aux gelées, toutes causes de souffrance pour la vigne, et dont ses fruits se doivent ressentir. Toutefois, dans cette position, on rencontre sur les coteaux de la rive gauche quelques vignobles inclinés au midi, qui donnent chacun, avec un type particulier, des produits de hautes qualités (Montrachet, Santenot, Arvelet, Corton, etc., etc.). C'est encore à cette cause que le sol de certaines localités privilégiées doit de conserver une température plus favorable à la culture de la vigne. Quand les coteaux présentent une pente régulière, non accidentée et se développant longitudinalement sur une étendue de 5 à 6 kilomètres (comme dans les vignobles situés entre Chassagne, Meursault, Volnay, Pommard, Beaune et Savigny, Nuits, Vosne et Vougeot, enfin entre Morey et Gevrey pour le Chambertin), il paraît certain que cette disposition est la plus propice à une bonne venue du fruit. Au contraire, les côtes accidentées, quoique pouvant donner des abris très-chauds, nous offrent des produits médiocres, comme nous le voyons pour plusieurs vignobles situés entre les communes d'Aloxe et Premeaux. Cela tient sans doute à ce que la vigne a besoin d'être continuellement ventilée, sans que cela ait lieu par une action violente. A ce point de vue, les vignobles découverts, dont j'ai parlé plus haut, sont, comme les plaines du Médoc, dans des positions favorables; tandis que dans les terrains accidentés les vignes sont, suivant la direction des vents, dans des alternatives continuelles ou de calme complet dû aux abris, ou d'agitation anormale occasionée par les courants atmosphériques qui s'engagent dans les vallons.

L'inclinaison à l'ouest des couches des terrains cultivés est favorable à la végétation de la vigne.

Les racines de la vigne demandent peu d'humidité : l'inclinaison des couches à l'ouest, en éloignant de la surface du sol les eaux pluviales, qui s'y infiltrent facilement, est donc, à cet endroit, éminemment favorable à la végétation de la plante.

Hauteur absolue et relative des vignobles de la Côte-d'Or.

La hauteur absolue du dépôt tertiaire et des sommités des deux chaînes au-dessus du niveau de la Mer ne doit pas être sans influence sur les qualités de nos produits ; mais, comme cet élément ne varie pas pour les vignobles de la Côte-d'Or, il faut en faire abstraction. La hauteur relative des différents crus au-dessus de la plaine a une action très-prononcée sur les caractères de nos vins. Des nivellements barométriques pris sur les limites inférieures et supérieures des premiers climats de la Côte-d'Or ont donné ce résultat : qu'ils sont tous compris entre 15 et 78 mètres de hauteur verticale au-dessus de la plaine. Plus bas, on récolte des vins moins délicats et plus faibles ; au-dessus, des vins plus durs, et classés aussi comme produits de deuxième et troisième ordre. Les bonnes vignes en gamays des arrière-côtes sont à une élévation beaucoup plus grande comprise entre 130 et 190 mètres de hauteur au-dessus de la plaine.

Zone des bons crus. — Leurs variétés de qualités dépendront de la présence dans cette zone des différents terrains que j'ai décrits.

Le classement des crus sera déterminé d'une manière fixe par ce principe pris comme point de départ, que seront seulement considérés comme vins d'ordre ceux qu'on récoltera dans la zone dont je viens de parler. Les différences de types dépendront de la présence dans cette zone des divers terrains géologiques qui constituent le massif, et qui tous viennent successivement s'y plonger. Ainsi les calcaires magnésiens qui, au-dessus de Santenay, sont couverts de mauvais bois rabougris, arrivent à la hauteur de Puligny dans la zone des bons vins, et donnent, de ce village à Beaune, des produits distingués. J'en dirai autant de la formation de marnes blanches, qui, au Clos des Chênes de Volnay, est hors de notre zone, et s'y trouve comprise aux Rugiens hauts de Pommard, aux Marconnets de Beaune, au Corton d'Aloxe, etc., etc.

Composition des Roches de la Côte-d'Or.

Avant de passer à cette description des types, il est essentiel de s'occuper de la nature chimique des roches qui composent le sous-sol. Le carbonate de chaux est très-abondant, comme nous l'avons vu, dans les terrains oolitiques de la Côte-d'Or. On exploite les calcaires comme pierres à bâtir ou pour en faire de la chaux. Quand ils contiennent seulement quelques centièmes d'argile, ils donnent des chaux grasses qui foisonnent beaucoup et ne durcissent pas sous l'eau (oolite inférieure de Chagny, Santenay, Savigny, Bouilland, etc., etc.). Les calcaires qui avoisinent les dépôts de sables magnésiens donnent des chaux

maigres non hydrauliques qui ne foisonnent pas,
et ne prennent pas sous l'eau. Les pierres à chaux
hydrauliques se solidifiant au bout de quelques
jours sous l'eau, doivent cette propriété à la présence d'au moins 20 0/0 d'argile (calcaires de
Marconnet, Orches, etc., etc.). Quand cette proportion d'argile s'élève à 25 ou à 30 0/0, on obtient des chaux éminemment hydrauliques con-
nues dans la maçonnerie sous le nom de ciment
(certains bancs des formations du lias). Enfin, si
la proportion d'argile augmente encore, les calcaires ne sont plus susceptibles de donner de la
chaux, et prennent le nom de marnes.

Les argiles qui forment le sous-sol des cultures
de la plaine sont essentiellement composées d'a-
lumine, de silice, de carbonate de chaux et d'eau;
on y trouve en mélange des oxydes de fer et de
manganèse, etc, etc. On rencontre aussi des argiles sableuses; on s'aperçoit de la présence des
grains sableux par la rudesse de ces grains quand
on frotte entre les doigts l'argile réduite en pâte.
L'oxyde de fer en grains accompagne souvent les
argiles de la plaine.

Nous donnons dans le tableau suivant la composition des calcaires de l'oolite, des calcaires
marneux, des marnes, etc., etc., dont les échan-
tillons ont été pris dans les vignobles de la Côte.

	1	2	3	4	5	6	7	8	9	10	11
Carbonate de chaux.....	0,88	0,80	0,77	0,96	0,90	0,78	0,95	0,87	0,78	0,685	0,55
Carbonate de magnésie...	0,01	»	»	»	»	»	»	0,09	»	»	»
Carbonate de fer......	0,02	traces	traces	0,01	0,02	»	»	»	»	»	»
Silice.......	»	0,12	»	»	»	0,17	0,03	»	0,06	0,12	0,10
Alumine....	»	0,07	»	»	»	0,05	0,02	»	0,16	0,19	0,34
Matières argileuses et eau.	0,09	»	0,226	0,030	0,08	»	»	0,04	»	»	»
	1,00	1,00	1,00	1,00	1,00	1,00	1,00	1,00	1,00	1,00	1,00

1. Calcaire de l'oolite inférieure (climat de Chevrey, à Volnay) : compacte, à cassure demi-cristalline, pétri de débris d'encrines, de couleur rosée, avec quelques lamelles de chaux carbonatée.

2. Calcaire de Marconnet (Beaune) : texture grossière, couleur gris clair, demi-compacte.

3. Calcaire de Marconnet (Beaune), bancs supérieurs : texture grossière et schisteuse, couleur gris jaunâtre.

4. Calcaire de Volnay, pris sur les escarpements qui dominent le Clos des Chênes : calcaire compacte, gris jaunâtre, clair, aspect du calcaire lithographique.

5. Calcaire du Clos des Mouches (Beaune) : gris rosé à points verdâtres, compacte, à texture oolitique.

6. Calcaire d'Orches (arrière-côte), marne à bélemnites du lias : texture grossière, couleur brune.

7. Calcaire à gryphées (Saint-Romain-le-Bas) : gris-noirâtre, compacte, pétri de coquillages.

8. Calcaire dolomitique (Meursault) : gris sale, demi-terreux, un peu cellulaire.

(1) 9. Calcaire terreux, demi-compacte, gris jaune sale, bancs supérieurs de Cailleret (Volnay).

10. Marne blanche du Clos des Chênes (Volnay) : terreuse, fait pâte avec l'eau.

11. Argile sableuse et calcaire du terrain tertiaire du climat des Petits-Prés (Volnay).

En se rappelant les six classes de terrains que nous avons établies, il résulte de ces diverses analyses que, 1° les calcaires oolitiques sont très-riches en carbonate de chaux; 2° les marnes blanches contiennent 32 0/0 de dépôts argileux; 3° les marnes argileuses de la plaine en contiennent 45 0/0; 4° les calcaires magnésiens contiennent 9 0/0 de carbonate de magnésie.

Analyse du terrain végétal superposé.

Passons maintenant à la description et à l'analyse des dépôts de terres végétales qui sont superposés à ces formations. Au—dessus des assises oolitiques, la superficie du sous-sol se compose de bancs schisteux très-minces, se délitant facilement, et dont les débris sont souvent mélangés à la terre

(1) Je dois les analyses n°ˢ 9, 10 et 11 à l'obligeance de M. Delarue, membre de l'Académie de Dijon, qui a eu aussi la bonté de me communiquer le tableau des observations météorologiques faites à Dijon depuis 1838. Je le prie de recevoir ici mes remercîments pour toute la bienveillance qu'il a mise à m'aider dans mes recherches.

végétale. La profondeur de cette terre varie de
40 à 60 centimètres (Santenot de Meursault, Cailleret, Chevrey, Fremier de Volnay, Rugien de
Pommard, Clos des Mouches de Beaune, etc., etc.).
Elle fait pâte avec l'eau, est de couleur brun rouge
foncé, et d'aspect très-ferrugineux. Les terres qui
accompagnent les marnes blanches sont d'un brun
jaune, parsemées de petits grains argileux blan-
châtres, et de consistance pâteuse quand elles
sont humides. On ne rencontre le sous-sol qu'à
une profondeur qui varie de 0ᵐ80 à 1 mètre. Puis
vient un banc marneux jaunâtre de 0ᵐ40 d'é-
paisseur, qui sert de passage à la marne pure que
j'ai décrite plus haut (climats des Terres-Blanches
de Meursault, du Clos des Chênes de Volnay, des
Chanlins, des Noisons de Pommard, de Montremenots et Marconnets de Beaune, des Vergelesses
de Pernant, Corton d'Aloxe, etc., etc.).

Au-dessus des calcaires magnésiens, la terre
végétale est peu profonde et très-légère; cependant elle est encore grasse (climats des Arvelets,
Charmots de Pommard, etc., etc.).

Les alluvions qui sont en face des vallées et des
dépressions locales signalées dans quelques parties sont recouvertes d'abord par un sol d'alluvion
sableuse mélangée d'argile (les angles des cailloux, comme je l'ai déjà dit, ne sont pas arrondis,
ce qui indique qu'ils ont peu séjourné dans les
eaux). On trouve ensuite un banc demi-argileux
très-mélangé de pierres, faisant encore pâte avec
l'eau; enfin une couche végétale rouge-noirâtre,

d'aspect ferrugineux, assez pierreuse, et dont la profondeur varie de 40 centimètres à un mètre.

Au-dessus des argiles tertiaires de la plaine, le sol a de 60 centimètres à 1 mètre de profondeur, et se compose d'une terre jaune brun, ocreuse, parsemée de petits grains plus clairs et plus durs. Quand le sous-sol est formé par des dépôts caillouteux, le terrain offre une profondeur moindre, qui ne va qu'à 40 centimètres en moyenne : dans ce cas la terre végétale est fortement mélangée de petits galets de nature calcaire.

Ces divers terrains ont été analysés. On trouvera dans le tableau ci-dessous les résultats obtenus. Mais avant je citerai textuellement une des analyses dues à l'extrême obligeance de M. Berthier, de l'Institut, et cela dans le but qu'elle serve de type pour des recherches analogues.

Analyse de la terre végétale de Chevrey (Volnay), prise à 30 centimètres de la surface du sol.

100 grammes de terre sèche ont été lavés dans l'eau ordinaire entre les doigts, sur un tamis de crin; on a séparé en grains grossiers 25^{gr}80.

Le résidu qui était en suspension dans l'eau, passé sur un tamis de soie, a abandonné, en grains plus fins, 4^{gr}30.

Après un moment de repos, on a décanté la liqueur, et les matières déposées pesaient, après la dessiccation, 18^{gr}55.

Enfin la liqueur décantée a déposé sur un filtre de papier 51^{gr}35.

En résumé, gros dépôts..... 25^{gr}80
Menus dépôts............. 4 30
Dépôts de suspension..... $\left\{ \begin{matrix} 18 & 55 \\ 51 & 35 \end{matrix} \right.$

____

100 00

ESSAI DE LA PARTIE N° **1.**

Essayés par l'acide nitrique faible, les grains, non broyés ont donné un résidu argileux de $2^{gr}51$. Il s'est dissous de la chaux et de la magnésie.

La partie n° 2, essayée de la même manière, a donné un résidu argileux de $1^{gr}25$.

Les dépôts de suspension n°s 3, 4, analysés d'après les procédés ordinaires, ont donné les résultats suivants :

	3	4	PARTIES N°s 3, 4, RÉUNIES.
Carbonate de chaux...	6,94	6,01	16,93
Carbonate de magnésie.	1,95	2,03	
Fer oxydé et hydraté..	1,11	8,89	
Fer oxydé anhydre...	0,25	2,47	18,65
Alumine...........	0,88	5,05	
Silice.............	6,87	22,06	28,93
Matières organiques...	0,55	4,84	5,39
	18,55	51,35	69,90

La terre absorbe 49 0/0 d'eau par imbibition. Brûlée par la litharge, elle produit $1^{gr}25$ de plomb métallique pour 10 grammes de terre sèche.

Une terre végétale des terrains d'alluvions caillouteuses, tertiaires, fractionnée en quatre parties comme dans la précédente analyse, a donné les résultats suivants :

N° 1. 44^{gr} 45   ESSAIS.

N° 2.   7 89   N° 1. Résidu argileux, 2^{gr} 22

N° 3. 31 61

N° 4. 16 05   N° 2.   Idem.   1 07

Analyse...	3	4	PARTIES N°s 3, 4, RÉUNIES.
Carbonate............	6,84	2,76	9,60
Fer hydraté et alumine.	9,24	5,91	15,15
Silice.	15,53	6,71	22,24
Matières organiques. ..	0,00	0,67	0,67
	31,61	16,05	47,66

Eau absorbée, 46 0/0; plomb réduit, 0,55 pour 10 grammes.

J'ai réuni dans le tableau suivant la composition des diverses terres végétales qui recouvrent les sous-sols :

	1	2	3	4	5	6	7
Gros et menu dépôts.	30,10	29,15	19,81	29,07	31,29	9,71	52,34
Carbonate de chaux.	12,95 }			11,18 }			
Carbonate de magné-		17,20	25,11 }		22,70	37,20 }	9,60
sie..	3,98)			8,13)			
Fer oxydé.	12,72	10,50)			8,30)		
Alumine.	5,93	7,17 }	26,42	15,34 {	13,75 }	29,15	15,15
Silice.	28,93	32,98	29,19	33,17	20,92	18,21	22,24
Matières organiques.	5,39	3,00	4,47	2,21	3,04	5,73	0,67
	100,00	100,00	100,00	100,00	100,00	100,00	100,00

1. Terre de Chevrey (Volnay), de couleur brun rouge, ferrugineuse, faisant pâte avec l'eau, mélangée de pierraille oolitique.

2. Terre des Rugiens (Pommard) : sous-sol oolitique, ferrugineuse, de couleur brun rouge, et pierreuse.

3. Terre à sous-sol marneux blanc (Clos des Chênes de Volnay), de couleur gris jaune, peu ferrugineuse, de consistance argileuse, empâtant des cailloux et de petits grains 'de couleur plus claire.

4. Terre à sous-sol magnésien (Charmots de Pommard), très-légère, peu liante, mélangée de débris de roches, peu consistante, assez ferrugineuse.

5. Terre à sous-sol d'alluvions locales (Poutures de Pommard), jaune brun, ferrugineuse, consistante, empâtant des graviers oolitiques.

6. Terre à sous-sol argileux de la plaine, de couleur gris jaune sale, peu ferrugineuse, très-liante, empâtant beaucoup de graviers sableux d'un blanc jaune, et quelques grains de fer oxydé.

7. Terre à sous-sol d'alluvions sableuses de la plaine (Beaune), jaune brun, demi-ferrugineuse, légère, empâtant des cailloux et du gravier.

On n'a point dosé la potasse dans ces analyses : d'abord parce qu'elle s'y trouve en petite quantité, et ensuite parce qu'on peut la conclure approximativement de l'argile contenue dans les terres, où elle est renfermée dans la proportion de 1 1/2 à 4 0/0 du poids de l'argile.

D'après ces diverses analyses, sous le rapport de la fertilité, qui se peut mesurer par ce que chaque terre végétale donnera de résidus fins (les dépôts grossiers ne participant pas à la nutrition des plantes, et agissant seulement en divisant le sol et l'échauffant), les terrains qui recouvriront les argiles de la plaine occuperont le haut de l'échelle. Les terrains des alluvions caillouteuses seront à la limite inférieure. Dans l'intervalle se grouperont les marnes blanches, les alluvions de vallées, les calcaires oolitiques, les calcaires magnésiens.

L'absorption de l'eau par ces terres se fera à peu près dans la même progression.

La couleur de la terre ne sera pas non plus sans influence sur la végétation. Ainsi les marnes blanches réfléchiront puissamment la lumière et la chaleur, et devront hâter la maturité du fruit sans que le sol soit desséché; tandis que les terres brunes absorberont au contraire le calorique qui pourra dessécher les racines de la plante. Suivant la manière dont se comporteront les saisons, l'avantage restera à l'un ou à l'autre de ces terrains. Par le froid et la pluie, les terres brunes seront ainsi dans de meilleures conditions que tout autre sol.

Composition des terres oolitiques.

Discutons maintenant la composition chimique des terres analysées. Les terres des dépôts oolitiques sont très-riches en fer oxydé et en silice.

Il est assez remarquable qu'il en soit ainsi, et que le terrain soit peu chargé de carbonate de chaux, tandis qu'au contraire cette substance domine dans la roche du sous-sol qui laisse peu de résidus argileux. Ne pourrait-on pas donner de ce fait l'explication suivante? Le terrain formé du détritus du calcaire est, par la nature et l'inclinaison des assises, très-perméable à l'eau. Par l'action prolongée des agents atmosphériques sur les pierrailles du terrain, le carbonate de chaux a été dissous, s'est infiltré dans le sous-sol, et n'a laissé pour résidu destiné à la végétation que l'argile et la silice contenues dans l'oolite. Je citerai à l'appui de cette explication la présence dans les grottes que l'on trouve dans les formations secondaires (Baubigny, Cormot, etc., etc.), des nombreuses stalactites qui les remplissent, et qui viennent évidemment de la dissolution par les eaux pluviales du calcaire de la surface (1).

Marnes blanches.

Les terres des marnes blanches sont fertiles, donnent peu de résidu, sont chargées de carbonate de chaux et d'argile.

---

(1) C'est aux mêmes causes que le terrain à sous-sol sablonneux de la plaine devra d'être peu chargé de carbonate de chaux, et de contenir surtout de l'argile. Les terrains marneux moins perméables seront à la fois calcaires et alumineux.

Terres magnésiennes.

Les terres magnésiennes sont siliceuses, et contiennent plus de 8 0/0 de carbonate de magnésie.

Alluvions des vallées.

Les terres des alluvions de vallée sont riches en argile et en oxyde de fer.

Terres argileuses de la plaine.

Les terres argileuses de la plaine sont les plus riches en argile et en carbonate.

Alluvions de la plaine.

Les terres des alluvions à fond pierreux de la plaine sont ferrugineuses, peu calcaires, au contraire assez siliceuses; elles se rapprochent, par leur composition, des terres à sous-sol oolitique.

Composition des cendres du sarment.

Quelle influence ces divers états chimiques peuvent-ils avoir sur la culture de la vigne? Pour se rendre compte de cette action, il est essentiel de connaître quels sont les principes minéraux qui se trouvent dans les cendres venues des produits de la plante, et de l'incinération de son bois. Les cendres du sarment se composent de sels alcalins solubles dans l'eau, et de sels insolubles. Les premiers sont à base de soude ou de potasse, ces oxydes combinés aux acides carbonique, sulfurique et muriatique. Les composés insolubles contiennent les mêmes acides unis à la chaux, à la magnésie, aux oxydes de fer et de manganèse. Il s'y rencontre en outre des silicates de potasse. L'incinération décompose souvent une partie du carbonate de chaux, qui est ainsi dans les cendres à l'état caustique. Cela établi, en séparant par des lavages les portions solubles de celles qui ne le sont pas, et tenant compte de la chaux libre, on trouve que les cendres du sarment contiennent de 21 à 23 0/0 de sels alcalins solubles.

La partie insoluble, soumise à l'analyse, donne :

Silice.	72
Chaux.	44
Magnésie.	2
Oxyde de fer.	3
Acide carbonique.	34
Acide phosphorique.	5
	100

Les sels minéraux que l'on trouve dans le vin et les produits de la végétation de la vigne étant des tartrates acides de potasse, des tartrates de fer, de chaux, des sulfates et hydrochlorates de potasse, des malates et sulfates de chaux et de magnésie; la potasse, la chaux, la magnésie, la silice, les oxydes de fer et de manganèse, sont donc les seuls principes fixes que nous ayons à demander au sol. On ne constate point d'alumine dans les cendres du sarment.

Le sarment desséché à l'air libre peut perdre un cinquième de son poids, et donne, dans cet état, 0,04 de cendres blanches (contenant 22 0/0 de sels alcalins), et par conséquent 0,0084 de sels solubles. Un litre de vin laissant 1^{gr}50 de sels de potasse, en admettant la production moyenne de 18 hectolitres par hectare, la récolte du vin enlèvera au terrain par an 2^{k}700 d'alcalis. La rafle, les pépins, la pellicule du raisin, en enlèveront 9^{k}007. Enfin, en évaluant à 225 grammes ce que chaque cep perd de bois et de feuilles desséchées, ce qui correspond à 1^{gr}89 de sels solubles, l'hectare de 24,000 ceps fournira, tant aux produits de la végétation qu'à la végétation elle-même, un total de 57^{k}067 de sels de potasse.

Dans la Côte-d'Or, le sol ne reposant immédiatement ni sur des formations primitives, ni sur des terrains volcaniques, l'alumine d'ailleurs ne se retrouvant pas dans les cendres de la vigne, c'est par la potasse qui est contenue dans l'argile que les marnes doivent agir, comme elles le font, sur la végétation.

Des Amendements rationnels.

Il est de toute nécessité que la vigne prenne sa nutrition fixe dans le sol qui la porte : le sol doit donc lui fournir de la potasse. Or on sait que les argiles résultent de la désagrégation des minéraux alumineux, du feld-spath à base de potasse, de soude (albite), de chaux (labrador), etc., etc., et contiennent de 1 1/2 à 4 0/0 de potasse. A 4 0/0 de potasse dans l'argile, les sols riches de 12 et demi 0/0 d'argile contiendront un demi 0/0 de potasse. Un terrain d'un hectare de superficie, sur

0^m50 de profondeur, renfermera 8,500,000 kilogrammes de terre végétale; à 12 1/2 0/0 d'argile, il en contiendra 1,062,500 kilog.; et à 1/2 0/0 de potasse, 5,312 kilog. Nous avons vu ailleurs que la culture de la vigne enlevait au sol 57 kilog. de sels alcalins par an. Au bout d'une période de 932 ans, un sol riche en argile, mais qui n'est point amendé, doit être complètement épuisé. Peut-être un jour découvrira-t-on que l'alumine, la chaux et la potasse ont pour élément commun le même corps simple : car autrement on s'expliquerait souvent mal l'énorme quantité de sels alcalins que le sol a dû fournir à la vigne depuis des siècles, sans qu'on se soit occupé de réparer ces pertes. Si ce qui précède nous explique comment, bien qu'il n'y ait aucune trace d'alumine dans les cendres de la vigne, ce sont les terrains les plus riches en argile qui réparent le mieux leurs pertes et restent le plus long-temps dans des conditions convenables de fertilité, nous devons en conclure aussi qu'il faudra, quand le sol ne renfermera plus ces sels alcalins si nécessaires à la végétation de la vigne, soit rendre à la terre par des amendements bien compris les principes qui lui manquent, soit enfin avoir recours à de nouvelles cultures qui demanderont au sol une autre nourriture minérale ou une moindre proportion de potasse. C'est ainsi que, dans les terrains épuisés, qui ne peuvent plus alimenter la vigne, le sainfoin trouvera encore une suffisante quantité de sels alcalins pour qu'il y puisse prospérer.

En comparant succinctement les divers terrains qui sont livrés en France à la culture de la vigne, les vignobles qui se trouveront dans les meilleures conditions de fertilité seront ceux du Rhin, de l'Auvergne, de certains cantons de la rive droite du Rhône (Rochemaure, Vivarais, etc., etc.), qui tous sont plantés sur des rochers volcaniques. Les cendres du Vésuve et les terrains de l'Etna seront le type des sous-sols qui conviennent le mieux à cette culture. Après, viendront les terrains primitifs à bases alcalines du Mâconnais, des bords du Rhône, de la Côte Châlonnaise; enfin les terrains argileux et marneux, et en dernier lieu les formations calcaires et sablonneuses.

Terrains du Médoc.

Les plaines du Médoc sont recouvertes par un dépôt probablement contemporain du dernier cataclysme dont l'histoire nous a conservé le souvenir. Ce dépôt est composé en grande partie de quartz roulés; le sous-sol est quelquefois argileux, mais le plus souvent il est de sable pur, ou de sable agglutiné par l'oxyde de fer, et appelé *alios*. Cette dernière disposition du sous-sol paraît la plus favorable aux grands crus. Dans le Bordelais, où nous trouvons peu d'argile et de terres à principes alcalins, c'est aux vents maritimes, qui ramènent à terre les sels de soude et de potasse, que le sol doit surtout de réparer les pertes d'alcalis qu'il fait dans la végétation de la vigne.

Terrains de la Champagne.

En Champagne, une couche très-peu épaisse de terre végétale recouvre les calcaires crayeux du sous - sol, et ce sont là les terrains qui donnent les produits les plus distingués des meilleurs crus. L'analyse de ces craies a présenté les résultats suivants :

Carbonate de chaux...	0,80
Carbonate de magnésie.	0,02
Argile ou silice......	0,18
	1,00

Je n'ai point essayé la terre végétale superposée; mais, d'après ce qui se passe pour nos terrains oolitiques très-perméables à l'eau, et les faits établis ci-dessus, j'ai tout lieu de supposer que la silice domine plus que le calcaire dans les résidus fins du sol des vignobles champenois.

Terrains de calcaire oolitique.

Cet exposé assez stérile de la composition chimique des terrains va nous conduire à quelques conséquences d'une grande utilité pour le classement des cuvées. Ainsi, on peut déduire de ce qui précède, que les vignobles de Santenot, Chevrey, Cailleret, Fremier, Rugien, Clos des Mouches, Cras, Grèves, etc., etc., et en général toutes les plantations à sous-sol de calcaire oolitique, devront à la prédominance de la silice et de l'oxyde de fer dans la terre végétale le cachet de finesse remarquable qui les caractérise. Le célèbre vin de Bousy en

Champagne se trouverait dû à des conditions analogues.

Terrains à sous-sol marneux.

Les marnes blanches, plus calcaires, plus riches en argile, et par conséquent en potasse, donneront une végétation plus vigoureuse, des produits plus chargés de tartre; et c'est à ces causes qu'on attribuera les qualités des vins des Clos des Chênes, des Chanlins, des Marconnets, des Vergelesses, des Corton, etc., etc. Les vignes marneuses des arrière-côtes et des pays granitiques donneront des vins venus dans des conditions convenables de nutrition, et par conséquent d'une santé solide. Aussi, malgré leur dureté, seront-ils long-temps recherchés pour les coupages.

Terrains des alluvions de vallées.

Quand l'alluvion argilo-calcaire ferrugineuse qui se trouve en face des vallées et de quelques dépressions locales, comme à Pommard, Volnay, etc., deviendra assez puissante pour s'élever au niveau de la zone des bons crus, c'est-à-dire entre 15 mètres et 78 mètres de hauteur absolue au-dessus de la plaine, les vins récoltés sur ces terrains riches en argile et en oxyde de fer devront contenir une plus grande proportion de bases alcalines et ferrugineuses unies à l'acide tartrique, et seront recherchés comme crus de Champan, Taillepied, Bouche-d'Or, etc.; à Volnay, comme crus du vignoble de Pommard, où ces terrains sont très-fréquents, depuis les Bretins jusqu'aux Epenots, etc., etc.

Terrains ferrugineux.

Puisque la proportion d'oxydes qui entre dans la plante doit être aussi invariable que la capacité de saturation des acides qu'elle contient, il s'ensuit que ces bases se suppléeront quelquefois. Dèslors, peut-être devra-t-on à la présence de l'oxyde de fer dans les vignobles peu riches en potasse un élément qui, par cette cause d'action chimique, abondera davantage dans le vin, et contribuera puissamment à ses qualités. On expliquera ainsi le type particulier des vins dont nous venons de parler. Les terrains ferrugineux et argileux jouiront encore de la propriété de fixer en plus grande quantité les gaz nécessaires à l'absorption qui est faite de leurs composés par les racines de la plante.

Terrains magnésiens.

Enfin, les calcaires magnésiens, qui donnent une végétation peu vigoureuse, comme au climat des Arvelets, des Pezzerolles, des Charmots, etc., etc., à Pommard, produiront un vin qui contiendra quelques sels de magnésie, et devra à cette cause le cachet de haute finesse qui les caractérise.

Terrains favorables à la culture des vins blancs.

Les formations de calcaires oolitiques et demi-marneux et les dépôts magnésiens conviendront à la culture des vins blancs à cépages plus agrestes, et donneront : les premières, les vins de Montrachet, Combette, Charme, etc., etc.; les secondes, les crus des Perrières, Genevrières et Santenot, etc., etc., à Meursault. On expliquera la différence qu'on observe entre les vins de Montrachet et ceux des Bâtard et Chevalier – Montrachet, par la variété de sous-sol constatée dans ces trois vignobles étagés les uns au-dessus des autres. Au-dessous du chemin qui domine le Bâtard–Montrachet est une oolite régulière. Le Montrachet a pour sous-sol un calcaire demi – marneux; enfin le Chevalier-Montrachet est sur un calcaire demi-magnésien, et au-dessus de lui se trouve le banc dolomitique supérieur aussi aux meilleurs crus en blanc de Meursault.

Terrains d'arrière-côtes.

Si nous passons aux terrains d'arrière-côtes, nous trouvons que les vignes y sont plantées sur des marnes du lias, très-riches en débris de fossiles, des calcaires marneux à bélemnites et géodes de fer oxydé, etc., etc. (Orches, Evèle, Saint-Romain, etc., etc.). Vers Decise, et dans la vallée de la Dheune, on trouve pour sous-sol des marnes irisées, des calcaires à lumachelles, des arkoses friables, etc., etc. Les vins d'arrière-côtes recevront donc un caractère particulier des sols riches en potasse qui les produisent, et, toute proportion gardée entre les autres conditions d'exposition, de cépage, etc., etc., qui leur sont propres, ils se rapprochent, par leur dureté et leur vigueur, des crus venus dans les marnes de la Côte et des autres vignobles.

Engrais et amendements.

Si c'est à leur richesse en potasse qu'on doit la principale action des terrains marneux sur les qualités des vins qu'ils nous donnent, on en conclura que les cendres seront le meilleur de tous les engrais que l'on puisse fournir à la vigne pour réparer les pertes du sol. Nous avons évalué à 57 kilogrammes d'alcalis par hectare ce que la culture de la vigne en enlève annuellement à la terre. Si, au lieu de laisser partir pour les sols froids argilo-siliceux de la Bresse toutes les cendres du pays, nous employions cet amendement dans la Côte, nul doute qu'on n'en retirât de grands avantages pour les qualités et la santé des vins : car les sols épuisés qui ne contiennent plus en quantités suffisantes les principes minéraux nécessaires à une bonne venue du fruit, ne peuvent donner que des produits mal organisés, et souvent destinés à la maladie.

Effets des engrais azotés.

Nous arriverons encore à ce résultat, que seront rendus à l'agriculture les engrais azotés, qui conviennent aux céréales et aux racines, et que, mieux éclairés, nous ne chargerons point à grands frais la vigne de principes nutritifs étrangers à la nature de sa végétation, en l'amendant comme si elle devait produire de l'herbe ou du blé, et cela en nous exposant à introduire dans le vin un excès d'albumine végétale qui, plus tard, peut en compromettre la durée.

Les terrains oolitiques, les terrains magnésiens, les terrains sablonneux, seront ceux qui auront le plus besoin d'être amendés par un mélange de cendres et de marne; et j'ai, depuis plusieurs années, obtenu les succès les plus concluants en rétablissant, par l'emploi de cet engrais, la santé d'un groupe de ceps jaunes et languissants, dont la végétation contrastait plus tard victorieusement avec la végétation pauvre et maladive des ceps voisins qui ne l'avaient point reçu. Les cendres qui sont livrées à la culture ont été lessivées, et dans cet état elles ont perdu une grande proportion de sels alcalins; cependant elles renferment encore des silicates de potasse, qui profiteront à la vigne. Mieux vaudra toutefois employer les cendres vives et les eaux de lessive qui sont partout répandues dans les égouts en pure perte pour le sol.

Engrais par le feuillage.

Les bases métalliques qui sont puisées dans le terrain par les racines pour prendre part à la formation des acides, abondent surtout dans la portion des plantes où s'effectue l'assimilation : c'est ainsi que les feuilles sont les parties qui donnent la plus forte proportion de résidus inorganiques. Il sera donc important de ne point laisser enlever des vignes les feuilles du cep. Et peut-être les bois qui dominent certains vignobles de la Côte ont-ils pour effet de fournir au sol inférieur, par les eaux pluviales qui les entraînent, quelques parcelles de potasse résultant de la décomposition du feuillage mort qui couvre le terrain?

Effets du fumier de vache.

Les dépenses que l'on fait en fumier n'équivalent pas aux résultats qu'on en obtient : car, pour la culture de la vigne, c'est aux substances minérales qu'ils renferment que les engrais doivent surtout leur efficacité; et on sait qu'ils en contiennent une très-faible proportion. Ceci explique pourquoi le fumier de vache est celui qui convient le mieux aux vignes maigres de la Côte. En effet, s'il est le plus pauvre en azote de tous les engrais, il est en revanche le plus riche en principes alcalins, l'urine de vache étant très-chargée de sels de potasse.

Terrage des vignes.

Depuis long-temps on a remarqué que le terrage des vignes leur était souvent plus avantageux que l'emploi des fumiers de cheval ou de mouton. Cela se conçoit d'après ce que nous avons dit plus haut : car les friches à sol très-reposé et presque vierge que l'on a destinées à cet amendement, se sont trouvées dans toutes les conditions de richesse alcaline convenable pour subvenir aux besoins du cep, et leur emploi a souvent ramené à la santé une vigne qui périssait. Les engrais azotés, en apportant à la vigne une nourriture impropre à son alimentation, n'eussent que dissimulé momentanément le mal au moyen d'une surexcitation éphémère donnée à la plante.

Composition des cuvées et types de vins.

Nous avons vu qu'entre 15 mètres et 78 mètres de hauteur absolue au-dessus de la plaine, se trouvaient compris tous les grands crus. Suivant la nature des terrains qui plongeront dans cette zone, on aura des types différents dans les vins obtenus. Quand ces vins seront produits par une seule vigne posée sur un sous-sol de même nature, ils constitueront ce qu'on appelle dans le pays des têtes de cuvée. C'est ainsi qu'à Meursault, les Santenots de MM. de Varennes et Bachet; à Volnay, les Caillerets, Champan, Fremier, Chevrey, Bouche-d'Or, de MM. Bouchard, Chatelnot et Dumesnil; à Pommard, les Rugiens de M. de Joursanvault, les Poutures, Clos-Micot, Epenots de MM. Nodot et de Vergnette-Lamotte, les Bretins de M. Michaud, les Fremiers de MM. Coste, les Clos de Cîteaux, Epenots et Arvelets de Mme Marey, les Boucherottes de M. Morlot; à Beaune, les Clos des Mouches de M. Brunet, les Grèves de l'Hôpital de Beaune et de M. Marey, les Cras de M. de Changey, les Perrières Marconnet de M. Leblanc, les Fèves de M. Verry; à Savigny, les Vergelesses, les Bataillières de MM. de Joux et Vauchey; à Aloxe, les Corton, les Charlemagne de MM. de Cordoux et Dorisy, etc., etc., constitueront les premiers vins de la Côte de Beaune.

Il est beaucoup de propriétaires qui ont des vignes toutes situées dans la zone des grands crus, et pourraient, par un mélange convenable de raisins à la cuve, produire des têtes de cuvée. Il leur suffira, dans ce but, de réunir la vendange des terrains de même nature; les vins qu'ils en obtiendront auront un cachet particulier qui sera celui des crus d'ordre.

Emploi des raisins venus dans un sous-sol marneux.

Certains mélanges à la cuve de raisins venus sur des sous-sols différents donneront de bons résultats. Quand des vignes épuisées de principes nutritifs produisent un vin très-fin, mais faible, il sera d'un bon effet de réunir à leurs fruits les raisins venus dans les marnes blanches du haut de la montagne. C'est ainsi que les Clos des Chênes et les Chanlins, à Volnay; les Noisons, à Pommard; les Montremenots, à Beaune; et certains Marconnets hauts à Savigny, etc., etc., quoique à un niveau assez élevé, donnent souvent à la cuve de bons résultats par leur mélange avec d'autres crus.

Terrains argileux de la plaine.

Les pineaux qui croissent dans les argiles de la plaine produisent des fruits qui, en général, mûrissent mal, parce qu'ils sont trop forts, pourrissent facilement, coulent ou gèlent aux moindres intempéries, et donnent en dernier résultat de très-pauvres vins. Si on rendait ces terrains à leur vraie culture, celle du gamay, on obtiendrait des récoltes plus abondantes, et des vins solides classés comme grands ordinaires. Moins sensibles aux influences atmosphériques, ces vignes offriraient en fin de compte au producteur un résultat d'argent beaucoup moins incertain. Par ce changement de culture, on obtiendrait encore cet avantage, qu'on supprimerait du pays un produit bâtard qui ne reçoit de relief que par l'emploi du sucre, entre dans le commerce sous cette toilette d'emprunt qui lui donne un aspect marchand, et compromet de plus en plus l'avenir du pays, en éloignant le consommateur de l'usage des bons vins de la Côte.

Terrains sablonneux de la plaine.

Les terrains à sous-sol sablonneux de la plaine seront trop maigres pour subvenir à l'alimentation du gamay, qui paraît absorber une plus forte proportion de sels alcalins que n'en demande le pineau. Comme, dans les Landes, là où le chêne ne peut prospérer, le pin trouve assez de potasse pour y croître, le noirien, dont le suc contient moins de tartre que le suc du gamay, prospèrera là où le gamay ne trouvera pas une nourriture alcaline suffisante : il serait dès-lors essentiel d'importer dans le pays un cépage qui, en remplaçant notre pineau, pût végéter dans ces sols et y donner des vins d'une nature plus solide. Si nous comparons les terrains sablonneux de la plaine au sous-sol du Médoc, du Lot, etc., etc., nous trouverons qu'il sera possible de cultiver aussi en Bourgogne, soit les Carbenets du Bordelais, soit encore mieux les

cots ou pieds-de-perdrix du Lot et de la Touraine.
(Ce dernier cépage est vigoureux, peut se passer
d'échalas, donne un vin plus acerbe que spiritueux.) Et nul doute que ces essais de culture ne
conduisent à d'heureux résultats. D'ailleurs, comme
le produit net d'une culture est toujours la différence qui existe entre le produit brut et le prix de
revient, si, par la suppression des échalas et un
provignage plus restreint (car, en plantant à 1 mètre
de distance entre les fosses, les ceps étant espacés
de 0ᵐ50, le provignage n'aurait plus d'autre des-
tination que le remplacement des sujets morts),
nous baissons le prix de revient de cette culture
nouvelle : ne dussions-nous obtenir qu'un produit
brut égal (et je crois qu'on arrivera à un chiffre
plus élevé), le revenu de ces vignes sera toujours
supérieur à celui qu'on en retire aujourd'hui. Enfin je rappellerai encore le service que, tout en
agissant dans son intérêt, on aura rendu par ce
moyen au pays, en aidant à la disparution des petites cuvées de noiriens.

Production des grands crus de la Côte-d'Or.

Si nous évaluons à 45 kilomètres le développement en longueur des coteaux classés en premiers
crus depuis Santenay jusqu'à Dijon, déduction
faite des vides occupés par les friches, les che-
mins, les constructions, les cultures étrangères,
etc., etc., en prenant 430 mètres pour la largeur
moyenne de ces mêmes crus, largeur prise suivant
l'inclinaison des coteaux, nous trouverons qu'on

ne peut classer en premier ordre que 1,935 hectares. En admettant pour ces crus supérieurs une production moyenne de 18 hectolitres à l'hectare, nos grands vignobles livreront par an à la consommation 34,830 hectolitres.

Sans vouloir parler avec de longs détails des influences que les saisons ont sur les produits de la vigne, je donnerai dans le tableau suivant un aperçu des calculs que j'emploie pour traduire ces éléments en chiffres, et leur attribuer une valeur mathématique. En admettant que les données consignées en marge du tableau sont celles qui influent le plus sur les qualités d'un bon vin, nous affecterons le n° 100 à l'année qui correspondra au chiffre le plus élevé de chacune de ces observations météorologiques; l'année qui se trouvera dans des conditions immédiatement inférieures recevra le n° 90, et ainsi de suite. L'addition des divers chiffres ainsi répartis nous donnera un nombre relatif à chaque récolte, et qui aura une certaine portée pour son classement, puisqu'il résumera la part que les influences atmosphériques ont eue à la venue du fruit. L'inspection de ce tableau suffit pour donner quelque idée de son importance, et il est superflu d'en discuter les éléments. On verra encore, par cet examen, de quelle importance peuvent être pour la culture de la vigne les tableaux météorologiques publiés chaque année, et combien il serait utile qu'on pût comparer, au moyen de tableaux de ce genre remontant à 30 ou 40 ans, les influences de l'atmosphère sur la récolte de cha que année, avec les qualités de goût et de bonne fin qui les ont caractérisées. Un travail de ce genre éclairerait sans nul doute le commerce et la propriété sur la valeur des vins nouveaux, vins presque toujours mis en vente avant qu'ils soient connus. Dans cette position, il est dans l'intérêt du commerce, peu sûr des qualités du produit qu'il achète, de faire descendre les prix le plus qu'il pourra. Ces prix inférieurs discréditent les vins, et font un grand tort à la Bourgogne. Je n'ai point parlé de la nature des cépages cultivés dans la Côte-d'Or. Cet examen fait le sujet d'un autre chapitre. Toutefois je dois dire que, dans les grands crus, le pineau ou franc noirien est presque exclusivement le seul plant qui soit reçu dans une bonne culture : dès-lors, cet élément restant le même quand on passe d'un climat à l'autre, il a été inutile de s'en occuper dans cette Notice, où l'on se proposait l'étude des terrains, le classement des crus et la recherche des amendements et engrais nécessaires à la vigne.

CLASSEMENT DES VINS D'APRÈS L'ÉTAT ATMOSPHÉRIQUE DE L'ANNÉE.

	1838.		1839.		1840.		1841.		1842.		1843.		1844.	
	Nos.	CLASSEMENT.	Nos.	CLASSEMENT.	Nos.	CLASSEMENT.	Nos.	CLASSEMENT.	Nos.	CLASSEMENT.	Nos.	CLASSEMENT.	Nos.	CLASSEMENT.
Quantité d'eau tombée du 1er mai au 15 septembre	0.215	80	0.220	70	0.210	90	0.287	50	0.195	100	0.316	40	0.224	60
Nombre de jours de pluie, du 1er mai au 15 septembre	35	90	35	90	40	40	38	60	32	100	40	40	37	70
Jours de pluie dans le mois de juin	12	50	9	60	5	100	6	80	5	100	13	40	7	70
Quantité d'eau tombée 15 jours avant la vendange	0.026	100	0.034	80	0.063	40	0.056	50	0.028	90	0.050	60	0.041	70
Nombre de jours de pluie 15 jours avant la vendange	2	100	0	70	0	70	4	90	5	80	10	40	8	50
Pluie la veille du jour de vendange	0	100	0.004	50	0.005	70	0.001	70	0.001	90	0.004	40	0.001	80
Nombre de degrés de chaleur du 1er mai au 15 septembre	2940	40	3051	60	3073	70	3003	50	3373	100	3183	90	3103	80
Nombre de degrés de chaleur du mois d'avril	345	50	317	60	513	90	303	40	432	80	423	70	556	100
Nombre de degrés de chaleur du mois de juin	636	60	731	80	686	70	621	40	753	90	625	50	756	100
Nombre de degrés du mois d'août	727	80	661	50	724	70	680	60	827	100	789	00	656	40
Degré moyen (du mois de mai au 15 septembre)	21.4	50	22.2	60	22.4	70	21.1	40	24.6	100	23.2	90	22.5	80
Degrés de chaleur de la fin de la floraison à la vendange	2210	80	2099	50	2198	70	2026	40	2357	100	2195	00	2234	90
Température du jour de la vendange	13	50	14	60	16	80	16	80	24	100	6	40	18	90
Date du jour de vendange de Volnay	8 oct.	»	30 sept.	»	25 sept.	»	27 sept.	»	19 sept.	»	16 oct.	»	23 sept.	»
Nombre de jours pendant lesquels a régné le nord (du 1er mai au 15 septembre)	43	90	35	70	32	60	37	80	50	100	30	50	30	50
Epoques auxquelles il est tombé de la grêle	août.	60	juin.	60	août.	10	0	100	0	100	0	100	0	100
Nombre de jours que la récolte est restée sur pied (du 1er mai au jour de la vendange)	161	50	132	60	147	80	149	70	141	100	169	40	146	00
Produit (en fraction de pièce de 228 litres) en vins de l'ouvrée	0.13	»	0.14	»	0.47	»	0 63	»	0.46	»	0.13	»	0.20	»
Prix de la queue (de 2 pièces de 228 litres)	380	»	230	»	300	»	250	»	400	»	200	»	300	»
Produit brut de l'ouvrée (de 4 ares 28 centiares)	24 70	»	18 10	»	70 30	»	78 75	»	92 »	»	13 »	»	30 »	»
		1130		1030		1110		1000		1530		940		1220

CLASSEMENT
DES 7 ANNÉES,
DE 1838 A 1844.
—

1842	1530
1844	1220
1838	1130
1840	1110
1839	1030
1841	1000
1843	940

RÉSUMÉ.

En résumé, les grands crus de la Côte-d'Or sont exposés au sud-est, sur la pente de collines hautes de 180 mètres au-dessus de la plaine. Ces collines sont elles-mêmes abritées par un second étage élevé de 520 mètres au-dessus du niveau de la Mer.

Enfin la plaine est à 220 mètres de hauteur absolue au-dessus de ce même niveau.

Les vignobles de la Côte-d'Or sont situés, comme ceux du Rhin et du Bordelais, sur la ligne qui fixe les limites de la culture du maïs, et par conséquent dans des positions isothermes.

Les températures extrêmes observées dans la Bourgogne sont de 22° 1/2 cent. de froid (hiver de 1795), de 38° cent. de chaud (été de 1793). Quand la température totale (somme des maxima) du mois de mars dépasse 200 degrés, la vigne est très-exposée en avril à des gelées qui détruisent tout espoir de récolte (en 1843). Un mois d'avril dont la température dépasse 500 degrés (1840, 1844) est très-favorable à une végétation rapide du printemps. Les mois de juin et d'août doivent être chauds, et leur température dépasser 750 degrés (1842), pour donner un vin de qualité. La température des mois de mai et de juillet, destinés, le premier à la végétation de la plante, et le deuxième à l'accroissement du fruit, doit être variable. Il est de la plus haute importance que les 15 jours qui précèdent la vendange aient une température de 15 à 20° cent. en moyenne, et surtout qu'ils soient sans pluie.

Les quantités d'eau tombées par an sont de 0^m745 ; le nombre de jours de pluie correspondant est de 108. Les pluies des mois de juin et de septembre sont essentiellement funestes à la vigne : dans le premier cas, en déterminant la coulure de la fleur ; dans le second, en faisant pourrir le raisin (1840), ou aidant à de nouvelles combinaisons chimiques qui renferment les mêmes éléments groupés dans un autre ordre que sous les influences contraires. On se trouvera dans des circonstances favorables quand on aura moins de 8 jours de pluie dans le mois de juin (1840, 1842), et moins de 3 dans la quinzaine qui précède la vendange (1838).

Les boisements comme la dénudation des sommets des premières collines paraissent sans influence sur les qualités des vins produits par les crus qu'ils dominent.

Les vignes de la Côte-d'Or sont plantées sur un sous-sol granitique, d'arkose, de marnes irisées (vallée de la Dheune, Decise, etc., etc.), sur les marnes du lias (arrière-côte), sur divers étages de la formation oolitique inférieure (les grands crus de la Côte), sur les alluvions tertiaires de la plaine (vins gamays et petits noiriens), enfin sur des alluvions locales qui se reproduisent surtout en face des vallées qui sillonnent la Côte (Pommard, Volnay, Nuits, etc., etc.)

Les crus d'ordre, dans la Côte-d'Or, sont tous

renfermés dans une zone comprise entre deux plans horizontaux élevés l'un de 15 mètres, l'autre de 78 mètres au-dessus de la plaine.

La contre-pente des assises du premier étage est favorable à la culture de la vigne, en ce qu'elle éloigne des racines de la plante les eaux pluviales qui s'infiltrent dans le sous-sol.

La composition chimique des sous-sols et des terres qui sont livrés à la culture de la vigne, permet de les grouper en six classes :

1° Les terrains oolitiques, dont les terres sont riches en silice et en oxyde de fer;

2° Les marnes blanches, riches en carbonate de chaux, en argile et en potasse;

3° Les calcaires magnésiens, contenant 8 0/0 de carbonate de magnésie;

4° Les alluvions hautes situées en face des vallées, alluvions dans lesquelles dominent l'argile et l'oxyde de fer;

5° Les alluvions argileuses de la plaine, qui sont surtout riches en argile;

6° Les alluvions sablonneuses tertiaires, dont les terres siliceuses se rapprochent, par leur composition, des terres à sous-sol oolitique.

Les formations oolitiques se composent d'alternances fréquentes de calcaire et de marne. On observera souvent des couches de terrains intermédiaires dont les vins auront aussi des caractères mixtes.

Les sels de potasse étant très-utiles à la végétation de la vigne, c'est à la présence en plus grande quantité de cet alcali dans les argiles des crus de la deuxième classe, des quatrième et cinquième classes, que l'on doit attribuer la vigueur de la végétation et le corps des vins qu'elles produisent.

Les crus oolitiques de la première classe auront plus de finesse. Les crus magnésiens de la deuxième classe présenteront un haut cachet particulier de délicatesse. C'est à l'oxyde de fer et à la potasse que les crus de la quatrième classe devront leurs caractères. Enfin les terrains des cinquième et sixième classes devront être rendus, les uns à la culture du gamay, les autres à la culture de quelques cépages nouveaux plus productifs que le pineau, aussi robustes que lui, et donnant des vins plus solides que les petits noiriens de la plaine.

D'après la composition chimique des terrains, et vu la petite quantité de potasse que contiennent les formations calcaires, il sera d'une grande importance d'employer les cendres et les terres reposées pour les amender, les engrais azotés, exclusivement employés, donnant aux vignes une nourriture étrangère à leur alimentation et funeste à la santé des vins.

Nous baserons la composition des cuvées sur la réunion à la cuve des fruits récoltés dans les vignes plantées sur les mêmes terrains. On rendra de cette manière aux différents crus un type certain qui les rapprochera des produits du premier ordre.

Un tableau raisonné, pour chaque année, de toutes les données météorologiques qui peuvent avoir quelque influence sur le développement du raisin, sera d'une grande utilité pour aider dans le principe au classement souvent douteux des vins, par la comparaison qu'on pourra faire de ce tableau avec ceux des années précédentes.

Enfin, nous tirons encore de ce qui précède une autre conclusion : si, sans quitter la Côte-d'Or, dès que la vigne change de sous-sol, on obtient un type de vin différent; si, dès que l'on s'écarte à peine, en montant ou descendant, de la zone des grands crus, on trouve des crus secondaires; que l'on pénètre plus avant dans la montagne ou qu'on descende dans la plaine, on récolte des produits communs : nous pouvons affirmer qu'en aucun lieu du Globe ne se retrouveront dans un ensemble complet toutes les conditions nécessaires au développement de vins pareils à nos premiers produits. Nous devons donc nos crus d'ordre à un concours si complexe de circonstances toutes locales, qu'ils resteront seuls de leur type; les nouvelles plantations de la Prusse, de l'Allemagne, des bords de la Mer Noire, ne donneront, quoi qu'on fasse, jamais des produits qui leur soient comparables; et les vins de Volnay, par exemple, seront encore long-temps, comme ils étaient au XIVe siècle sous nos Ducs, qui y possédaient les vignobles de Cailles-de-Roi (Caillerets), les premiers vins du Monde.

A. DE VERGNETTE-LAMOTTE.

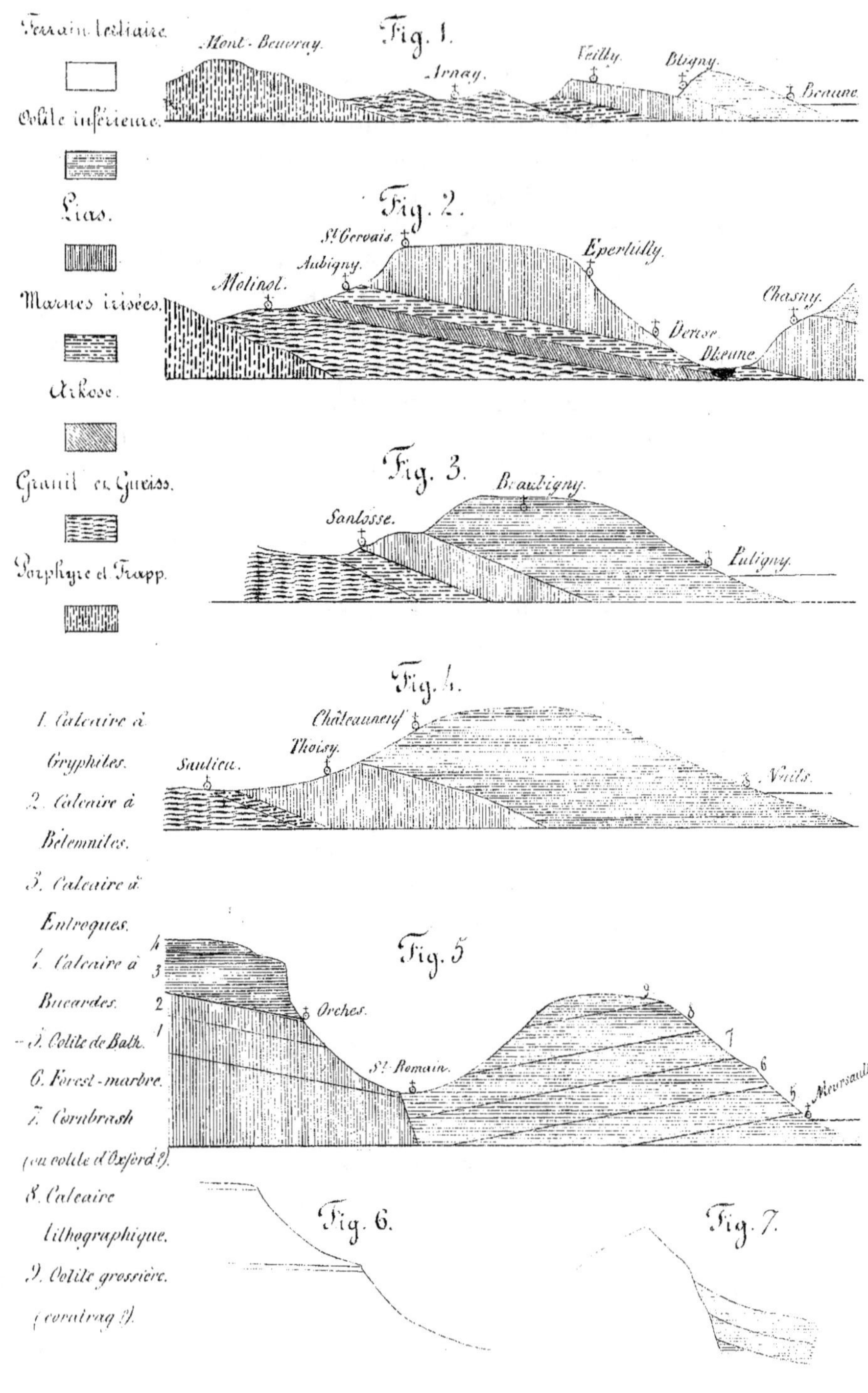
Terrain tertiaire.
Oolite inférieure.
Lias.
Marnes irisées.
Arkose.
Granit et Gneiss.
Porphyre et Trapp.
1. Calcaire à Gryphites.
2. Calcaire à Bélemnites.
3. Calcaire à Entroques.
4. Calcaire à Bucardes.
5. Oolite de Bath.
6. Forest-marbre.
7. Cornbrash (ou oolite d'Oxford?).
8. Calcaire lithographique.
9. Oolite grossière. (coralrag?).
Fig. 1.
Mont-Beuvray.
Arnay.
Veilly.
Bligny.
Beaune.
Fig. 2.
St Gervais.
Aubigny.
Molinot.
Epertilly.
Chasny.
Dereor.
Bkeune.
Fig. 3.
Beaubigny.
Santosse.
Puligny.
Fig. 4.
Châteauneuf.
Thoisy.
Saulieu.
Nuits.
Fig. 5.
Orches.
St Romain.
Meursault.
Fig. 6.
Fig. 7.

NOTICE

SUR LA VINIFICATION

DANS LES GRANDS CRUS DE LA COTE-D'OR.

C'est dans le tonneau que le suc des raisins blancs subit la fermentation qui le transforme en vin; c'est dans la cuve, en contact avec sa grappe et la cellule du grain, que le suc des raisins rouges est soumis au travail de la vinification.

Les vins blancs d'une même année et de crus semblables présentent au début la plus complète identité; les vins rouges, dans des circonstances analogues, offrent souvent les dissemblances les plus tranchées.

Les vins blancs et les vins provenus des raisins rouges qui n'ont point fermenté à la cuve, ne sont point sujets aux mêmes maladies que les vins rouges ou les vins jaunes provenant du cuvage des raisins blancs.

Les vins blancs sont plus riches en alcool et en sels acides que les vins rouges de crus analogues. Ceux-ci, au contraire, contiennent une plus forte proportion de tannin.

Il résulte de ces données, que le cuvage détermine dans les vins des caractères très-variables de composition, caractères qui influent sur leurs qualités et sur les maladies auxquelles ils sont sujets. On sait d'ailleurs que les sucs végétaux sont soumis à trois ordres de transformation. Quand le sucre, l'eau et le ferment s'y trouvent en présence à une chaleur d'au moins 15° centigrades, ils éprouvent un mouvement de décomposition dont le principal produit est l'alcool.

Toute liqueur alcoolique qui reste exposée à l'air, à une température qui dépasse 20 degrés centigrades, se transforme en vinaigre. Enfin, quand ce nouveau mouvement s'opère avec le concours de substances azotées, les liquides contiennent, en dernier lieu, des sels ammoniacaux, et on dit qu'ils ont subi la fermentation putride.

Pour arriver à une étude utile et complète des opérations qui se succèdent dans le cuvage, il est essentiel d'en faire un exposé succint; plus tard, on les discutera isolément, et on verra quelle part chacune d'elles peut avoir dans le résultat de la vinification.

Halles à pressoirs.

La forme des pressoirs les plus répandus dans la Côte-d'Or exige une grande hauteur entre le sol et les solives de la halle qui les renferme. Le plus souvent cette halle est couverte par un plancher mal joint, quelquefois même elle n'a d'autre abri que celui de sa toiture. De plus, les portes char-

retières qui la ferment, les ouvertures qui l'é-
clairent, sont mal closes. Aussi ces dispositions
presque générales des halles à pressoirs les ren-
dent très-froides, et leur température dépasse à
peine la température du dehors.

Cuves.

Les cuves sont renfermées dans la halle ; elles
sont construites en bois ; leur forme est en général celle d'un cône tronqué ; leur contenance varie
de 22 à 50 hectolitres. Il existe encore quelques
anciennes cuves carrées, dont les douves ont
17 centimètres d'épaisseur, et sont maintenues
par des madriers réunis au moyen de forts écrous.
La fermentation s'y conduit toujours parfaitement ;
ce que j'attribue à l'épaisseur du bois. Autrefois
les cuves étaient foncées par leur plus petite base,
et garnies du haut en bas par une enveloppe de
cercles en bois, tous contigus. Aujourd'hui elles
sont foncées à la grande base du cône, ou par *leur
gros bout*, et cerclées en fer. Si la forme adaptée
aux cuves nouvelles les rend, sous plus d'un rapport, préférables aux anciennes, il est à regretter
qu'elles conservent moins la chaleur développée
dans le travail de la fermentation, chaleur qui
se trouve maintenue par l'épaisse enveloppe de
cercles de bois qui entoure les cuves anciennes.
D'ailleurs, les cercles en fer conduisent mieux le
calorique ; et on observe dans les cuves qui en sont
munies une différence très-prononcée entre la
température de la portion du chapeau qui avoi-

sine les bords, et la température du milieu. En résumé, les cuves nouvelles sont plus froides que les anciennes.

Encuvage de la vendange.

Les raisins amenés au pressoir sont versés dans la cuve, quelquefois sans aucune opération préalable, d'autres fois après avoir été foulés et égrappés; on remplit la cuve aux 9/10 de sa hauteur, on égalise la vendange, l'encuvage est terminé. Il arrive que, par suite de l'insuffisance des ouvriers ou des intempéries de la saison, on met deux ou plusieurs jours à remplir une cuve. Cette méthode vicieuse nuit essentiellement à la conduite d'une bonne fermentation.

Caractères de la vendange.

D'après les conditions atmosphériques qui ont présidé à la venue du fruit, il y a quelques mesures de précaution à prendre dans l'encuvage. Ainsi, il est essentiel de mettre à part les raisins provenant de crus grêlés ou atteints de la pourriture, enfin ceux dont la fleur a passé seulement à l'arrière-saison, et qui sont connus dans le pays sous le nom de *recoquets*. Il y a trois sortes d'altérations déterminées dans le raisin par l'action de la grêle. Quand la grêle frappe le grain avant sa maturité, et que la blessure se cicatrise, la *grume* présente à l'endroit blessé une dureté qui contient un produit résineux, et peut donner un goût d'amertume prononcé au vin. La grêle, en frappant la grappe, peut, sans la détruire, paralyser son développement. Dans ce cas il y a des grains qui mûrissent mal, et ont une saveur acide particulière. Quand le raisin est *mêlé*, la grêle entame les *grumes;* le suc qui était renfermé dans la cellule du grain est exposé au contact de l'air, et ne tarde pas à éprouver un commencement de fermentation putride. Le vin provenant de ces raisins a souvent un goût de pourri. Enfin, quand la grêle frappe les pousses de la vigne avant la fleur, la plante subissant nécessairement une modification dans sa végétation ultérieure, on peut encore trouver dans le vin provenant de ces fruits un cachet particulier.

Le goût des raisins pourris se retrouve souvent dans le vin qui en provient, en tant seulement qu'il s'agit de raisins rouges.

Conduite de la fermentation.

La fermentation ne tarde point à s'établir dans la cuve quand la température du moût n'est point au-dessous de 12 à 15 degrés cent. : elle marche rapidement quand la température s'élève de 23 à 25 degrés; enfin, il arrive quelquefois que le thermomètre, plongé dans les cuves en plein travail, accuse jusqu'à 35 à 37 degrés cent. Toutes les parties solides du raisin sont soulevées par les bulles du gaz acide carbonique qui se dégage dans la fermentation, et se réunissent en une masse qui dépasse souvent le haut de la cuve, et qu'on nomme *chapeau.* Ce chapeau peut se dessécher, prendre

un mauvais goût; et le moyen le plus généralement employé par le vigneron pour remédier à
cet inconvénient, consiste à plonger chaque matin
le chapeau dans le liquide qu'il surnage : c'est ce
qu'il appelle *lui donner un coup de pied.*

Cuves couvertes.

Quelques personnes ont muni leurs cuves de
couvercles à fermetures hermétiques; d'autres ont,
au moyen d'un faux fond fixé par des tasseaux et
des traverses aux trois quarts de la hauteur de la
cuve, maintenu tout le marc au milieu du moût.
Dans ce cas, c'est le vin qui surnage, et est exposé au contact de l'air. On s'est proposé, avec
tous ces appareils : 1° d'augmenter la richesse en
alcool du produit (il a été reconnu que la déperdition qui s'en faisait par l'évaporation et le dégagement des gaz pouvait être considérée comme
nulle); 2° de conserver la chaleur du bain; 3° d'em-
pêcher que le chapeau pût prendre aucun mauvais goût au contact de l'air. Nous discuterons plus
loin la valeur de ces diverses méthodes.

Foulage.

On choisit ordinairement, pour procéder au
foulage, le moment où le vin marque zéro au gleuco-œnomètre. Pour cette opération, un ou plusieurs hommes entrent nus dans la cuve, brouillent
toutes les parties solides qu'elle contient, et ne
terminent leur travail que lorsqu'ils ont plongé
entièrement tout le chapeau au fond du bain.

Décuvage.

Il existe deux manières de décuver : la première, la plus anciennement employée, se fait comme il suit : Un homme entre dans la cuve, y puise le vin, qui se filtre grossièrement à travers un panier enfoncé au milieu du chapeau, et le transvase, par-dessus le jable, sur une bavette en tôle qui le dirige dans une balonge. Ce produit est le vin de goutte ou *surmoût.* Quand on a ainsi tiré tout ce qu'on a pu puiser avec la sapine, plusieurs ouvriers font la chaîne, et la gêne est portée sur le mâtis du pressoir. Dans beaucoup de domaines on a substitué à cette première méthode l'emploi de siphons en fer-blanc, qui, munis d'une claie enfoncée dans le chapeau, soutirent de la cuve presque tout le vin qui y est contenu, et l'usage de *bierres* en bois fort longues, au milieu desquelles les *sapines* glissent rapidement, sans qu'il y ait en outre à craindre aucune perte de parties liquides. Le marc est, par ce procédé, très-promptement porté sur le mâtis. Les personnes qui se servent du pèse-moût pour déterminer le moment le plus favorable au décuvage, ont l'habitude de tirer le vin quand il s'élève au zéro de leur instrument. Mais, comme les gleuco-œnomètres ou les palais des dégustateurs sont, en général, des guides fort peu comparables, il en résulte que presque toutes les cuvées présentent un degré de cuvage différent.

Pressurage.

Dans les pressoirs les plus répandus, on réunit sur le mâtis toute la gêne en une sorte de tronçon pyramidal fort peu élevé et à base rectangulaire : c'est ce qu'on appelle faire le *sac*. On le recouvre de planches contiguës, sur lesquelles on pose trois ou cinq rangs de madriers dits *marres*. Sur le dernier rang est placé, perpendiculairement à sa direction, un fort plateau dit *coyard*, sur lequel la vis du pressoir agit au moyen de la pièce de bois qui est suspendue à sa tête, et dont la direction est maintenue par des colonnes. Par l'intermédiaire de grues, de tours et de rouages divers, deux hommes au moins, six au plus, font descendre la vis ; et comme, d'après la construction de cet appareil de pression, elle agit entre deux points fixes qui sont le mâtis et l'écrou, ils exercent une action plus ou moins forte sur le sac. Cette première opération se nomme *abléger*. Ordinairement le vin qui en provient est réuni au surmoût. Une heure après ce premier travail, on enlève toutes les pièces qui recouvrent le marc, on en coupe les parties latérales, qui sont réunies à la masse, puis on remet en place toutes les pièces de charpente dont j'ai parlé plus haut, et on soumet une seconde fois le sac à un nouveau pressurage. Le vin qui en découle est dit vin de première *serrée*. A trois heures d'intervalle, on pratique encore, et toujours par le même mode d'action, deux autres pressurages qui donnent les vins de la seconde et troisième serrée.

Le sac laisse suinter, dans la nuit qui suit ces diverses opérations, un vin peu coloré, souvent éventé, et à saveur très-austère. Ce produit est le dernier *vin* de presse.

Entonnage.

Le vin est porté dans les tonneaux au fur et à mesure qu'il est tiré de la cuve ou du sac. Le surmoût étant ordinairement les 3/4 du produit total, on laisse chaque futaille en vidange d'un quart de sa contenance, afin d'égaliser plus tard les qualités de chaque pièce au moyen des divers vins de presse.

Principes constituants du raisin.

Ceci établi, et avant de passer à la discussion des différentes opérations que j'ai succinctement décrites, je dirai quelques mots de la composition chimique des principes du raisin, et de la manière dont la fermentation se présente dans les années qui nous donnent des produits de qualité supérieure. La sève de la vigne, recueillie (quand elle pleure) avant qu'il y ait aucune trace de végétation, contient une grande quantité d'eau, un peu de sulfate de potasse, de chlorure de sodium, et de sels ammoniacaux.

Avant que la vigne ait terminé sa floraison, sa sève est déjà riche en tartrate acide de potasse. Abandonnée au contact de l'air, la liqueur se recouvre promptement de fleur; l'acide tartrique se décompose; il se dégage de l'acide carbonique

comme dans la fermentation alcoolique ; et à la fin
la dissolution ne contient plus que du sous-carbo-
nate de potasse, qui imprime à la liqueur une saveur amère très-prononcée.

Composition du verjus.

Le verjus contient une plus forte proportion de
sels et d'acides végétaux que le suc précédent; du
reste, il se comporte comme lui quand il est resté
exposé à l'action de l'air. Lorsque le raisin est mûr,
les liquides renfermés dans le grain sont composés
d'eau, de divers acides et sels végétaux, de sucre,
d'albumine, de mucilage, de tannin. Il y a dans le
pépin, entre autres produits, une huile particulière insoluble dans l'eau, mais soluble en petites
proportions dans l'alcool, les éthers et les huiles
essentielles. La pellicule renferme les matières
colorantes et une substance oléagineuse. La grappe
contient de l'albumine et des tartrates acides, enfin du tannin; cette dernière substance s'y trou-
vant en plus forte proportion lorsque la grappe est
brune et le grain du raisin peu serré. Le sucre se
distingue à sa saveur caractéristique. C'est au
moyen de certains précipités chimiques que l'on
constate la présence des acides malique et tartrique; les dissolutions de tartrate acide de potasse
sont surtout reconnaissables à cette propriété
qu'elles ont de se recouvrir promptement de fleur.
Le ferment est le produit de l'albumine végétale,
qui devient insoluble en s'oxydant; c'est lui qui
constitue ce dépôt d'écume qui surnage les vins

blancs. Quand on examine un moût contenu dans un flacon de verre, on reconnaît encore le ferment à ces petits corps floconneux, entourés de bulles d'acide carbonique, qui paraissent au milieu du liquide s'il a déjà subi le contact de l'air, et qui ne tardent pas à en troubler la limpidité. Ce ferment met les sucs végétaux dans un certain mouvement organique. Dès que ce mouvement s'est déterminé, l'oxygène extérieur n'est plus nécessaire aux décompositions subséquentes; la fermentation se continue par voie de contagion, et c'est l'eau du liquide qui fournit ces éléments à de nouvelles combinaisons. Enfin, le tannin jouit de la propriété de donner avec les corps gélatineux un composé insoluble.

De la Densité du moût.

Il est généralement reçu que la densité du moût indique sa richesse en matières sucrées. Aussi, à la vendange, chacun pèse-t-il le suc du raisin au gleuco-œnomètre. Mais, que l'on opère sur du moût froid, non chargé de ce qu'il peut dissoudre de principes solides, ou sur un moût chaud qui en soit au contraire saturé, on ne doit pas obtenir les mêmes résultats, bien qu'il s'agisse de produits venus des mêmes crus. D'ailleurs les gleuco-œnomètres sont des instruments très-peu comparables: aussi y a-t-il pour chaque récolte les opinions les plus variables sur le poids du moût. Le seul moyen d'arriver à des données fixes consiste à prendre la densité au moyen de pesées exactes, et après avoir ramené la température du liquide à 15° cent. par son immersion dans un vase plein d'eau qu'on élève à cette chaleur. Il suffit, pour cet essai, d'avoir de bonnes balances à sa disposition. Ainsi, soit $116^{gr}30$ le poids d'un flacon bouché à l'émeri,

quand il est vide,

198 40 son poids quand il est plein d'eau,

206 85 son poids quand il est plein de moût :

On en déduit $82^{gr}10$ pour le poids de l'eau, $90^{gr}55$ pour le poids du moût, et $1^{gr}102$ pour la densité du liquide essayé. L'emploi de ce procédé m'a donné, depuis et y compris 1837, les densités suivantes pour un moût provenant chaque année de la même vigne, la densité de l'eau à 15° cent. étant 1,000.

1837	1838	1839	1840	1841	1842	1843	1844
—	—	—	—	—	—	—	—
1,102	1,102	1,087	1,104	1,089	1,117	1,099	1,112

D'après ce tableau, on ne doit pas fonder sur la densité du moût des calculs bien certains sur les qualités futures du vin qui en provient. Ainsi, 1838 eût dû être inférieur à 1840, et 1841 à 1843.

Sans condamner l'usage de ces essais, je ne les crois pas d'une utilité absolue : une analyse des principes constituants du moût nous éclairerait davantage sur les qualités probables de son produit. En effet, ce n'est point le sucre seul, dont la dissolution dans le jus du raisin élève le poids du liquide; mais les acides, les sels, l'albumine, le

tannin, sont aussi solubles dans les sucs du fruit ;
et on comprend que ces éléments peuvent se suppléer sans que la densité diminue. C'est ainsi que
les 1837 étaient très-chargés d'albumine et de
tartrate acide de potasse, tandis qu'au contraire
les 1838 étaient plus riches en matières sucrées,
ce qui explique comment le moût de ces deux années a présenté la même densité, tout en donnant
des vins très-différents.

Conduite de la fermentation des cuves en 1842.

Voyons maintenant comment la fermentation
s'est comportée en 1842.

Une cuve de la contenance de 20 pièces de 228
litres fut remplie de raisins récoltés avant la pluie,
le 18 septembre, par une température de 24°
centigrades. Son moût marquait 1,117 de densité,
cette densité prise à la température de 15° cent.
Elle entra immédiatement en fermentation. Foulée
le 21, à sept heures du matin, sa température ayant
atteint 35° cent., et comme elle marquait 9° au-
dessous du zéro du gleuco-œnomètre, elle fut foulée une seconde fois le même jour, à huit heures
du soir, et mise sur le pressoir le 22, à huit heures, à
1° au-dessous du zéro du gleuco-œnomètre. Il s'était
écoulé quatre-vingt-quatre heures entre la fin de
l'encuvage et le tirage de ce vin ; la fermentation
avait marché régulièrement ; on n'avait égrappé que
les derniers paniers de la vendange, et cela dans le
but de mieux égaliser la surface de la cuve ; le
chapeau avait conservé un goût parfait : malgré

cela, avant le premier foulage, on en avait rejeté
toute la partie supérieure, enlevée sur une profondeur de 3 centimètres; le résultat des dernières
serrées avait été mis de côté dans la proportion
d'un vingtième du produit total. Le vin récolté et
fermenté dans ces conditions a présenté, au début
et plus tard, tout ce qu'on devait attendre d'un
excellent cru dans une année de qualité.

Méthode rationnelle de vinification; Foulage de la vendange.

Tous ces faits dûment établis, il nous sera très-
facile de discuter les diverses opérations qui se
succèdent dans le cuvage, et d'en déduire une
méthode rationnelle de vinification. — Il est de la
plus grande importance que tous les raisins soient
foulés avant d'être jetés dans la cuve : car le suc
de la *grume* qui n'est point écrasée ne peut fermenter; et il arrive que, sous l'influence de la chaleur et de l'humidité, elle est exposée souvent à un
commencement de pourriture très-préjudiciable à
la franchise du vin. On doit rejeter l'emploi des
doubles cylindres destinés à cette opération, ces
cylindres pouvant déterminer un écrasement des
pepins et la formation d'une petite quantité d'huile.
Le meilleur instrument de foulage est le pied du
vigneron.

Préparation des cuves.

On comprend facilement que la cuve doit être
soigneusement lavée avant que la vendange y soit

versée. Souvent l'eau que les vignerons y laissent séjourner pour *l'abreuver* croupit, et donne un mauvais goût au vin.

Des Cuves.

La meilleure forme à donner aux cuves est celle d'un cône tronqué, ayant pour hauteur le diamètre de sa base. Celles dont on tire 40 hectolitres de vin présentent la capacité la plus convenable.

Les cuves épaisses de bois conservent mieux la température des substances qui y fermentent.

Les cuves neuves communiquent au premier vin qui y est fait une saveur âpre. Ce vin paraît plus riche en tannin que celui qui sort des cuves déjà envinées, et sur le pourtour desquelles s'est formé un épais dépôt de tartre. Toutefois, comme cette couche de sels préserve le bois de la pourriture et des vers, il est très-important de l'y conserver. L'action du bois sur le goût du vin se retrouve dans les tonneaux neufs employés pour les bons crus, et explique l'addition que les Bordelais font quelquefois de copeaux secs de hêtre à leurs vins nouveaux. Il est donc important d'entonner dans des fûts neufs, et inutile de les laver avant l'entonnage.

Température de la Cuverie.

La température de la cuverie ayant une influence marquée sur la fermentation, il est essentiel qu'elle puisse être bien close, et qu'elle soit couverte d'un plancher qui y maintienne la chaleur; enfin, les ouvertures devront se trouver, autant que faire se pourra, à l'exposition du midi. Voici quelle est, au double point de vue du bon marché et de la conservation du calorique, la meilleure disposition à adopter pour la couverture des halles à pressoir : on composera le plancher au moyen de solives en sapin, distantes, au plus, d'un mètre, et entre lesquelles on établira une voûte en briques mises à plat. Cette voûte, plafonnée en dessous, sera couverte extérieurement d'une sorte de béton, composé de sable fin et de plâtre gris, que l'on coulera sur les briques pour niveler le sol. Cette construction est préférable aux planchers en sapin, aux plafonds à lattes, etc. (1).

Importance de maintenir la chaleur dans les halles à pressoir.

Sans vouloir expliquer pourquoi il importe que la fermentation des vins se fasse à une température élevée, comme les principes végétaux renferment

---

(1) Ces procédés de vinification sont différents de ceux que nous conseille le savant chimiste de Giessen. J'expliquerai ailleurs comment des expériences basées sur des données comparatives m'ont amené à ce résultat, que si par le procédé Liebig on évite plus sûrement l'acescence et les effets fâcheux sur le vin des dégénérescences morbides du chapeau, le vin, d'un autre côté, est moins riche en extractif onctueux (œnanthine de Fauré) et en tannin. Opérer sous une température élevée, et éviter les inconvénients de ce procédé : voilà, en résumé, le mode d'agir qui paraît le plus avantageux à la vinification des vins de la Bourgogne.

un nombre considérable d'équivalents chimiques,
et donnent en général des combinaisons peu stables, et qu'il est fort possible que le plus ou moins
de qualité d'un vin provienne de causes minimes
et souvent inappréciables, telles que de la présence, par exemple, de quelques corps nouveaux,
il faut, dans l'impuissance où l'on se trouve de
déterminer ces causes, essayer, autant que cela
dépend de nous, d'opérer sous les mêmes influences que celles où l'on se trouve dans les
grandes années. Or on sait que dans ce cas la
fermentation est prompte et la température assez
élevée : il est donc essentiel que nos halles à pressoir soient moins froides qu'elles le sont généralement. On m'objectera qu'autrefois il en était de
même qu'aujourd'hui, et que de ces mêmes halles
sont sortis jadis les produits qui ont établi la réputation du pays. A cela je répondrai : 1° que,
vendangeant plus tôt, nos pères se trouvaient dans
de meilleures conditions de température atmosphérique; 2° que leurs cuves étaient plus chaudes
que les nôtres; et j'ai toujours remarqué que les
cuves les mieux disposées pour donner un vin
complet sont celles qui conservent le mieux le
calorique. A ce point de vue, on doit préférer les
cuves de grande capacité, les cuves carrées, à
douves épaisses, enfin, celles qui sont le mieux
abritées dans la halle.

Voici un tableau de la température du jour de
la vendange de Volnay, depuis et y compris 1837.
On peut en conclure quelle est l'influence de la

chaleur initiale sur la durée du cuvage, puisque en 1843 certains vins sont restés 312 heures dans la cuve, tandis qu'en 1842 on a pu tirer des vins parfaits au bout de 72 heures.

Années.	1837	1838	1839	1840	1841	1842	1843	1844
Dates de la vendange.	10 oct.	8 oct.	30 sept.	25 sept.	27 sept.	19 sept.	16 oct.	23 sept.
Degrés centigrades. .	10	13	14	16	17	24	6	18

Pour activer la fermentation au moyen d'une température artificielle, on doit seulement se borner à établir des poêles dans les cuveries. Tout chauffage établi, soit par une chaudière à feu nu, soit au moyen d'un cylindre, et même d'un appareil au bain-marie, élève toujours le moût qui est soumis à ces opérations à un degré de chaleur supérieur de beaucoup à celui qu'il peut atteindre dans la cuve; et à cet endroit, quoique intact du goût de cuit donné par les deux premiers procédés, le moût chauffé à 100 degrés au bain-marie peut encore éprouver dans sa composition quelques changements qui, plus tard, imprimeront au vin un cachet particulier. Ainsi, l'on sait que le sucre de canne qui reste exposé au feu au contact d'un acide se transforme en sucre de raisin : ne peut-il pas, à toute exposition du moût à une chaleur artificielle, se déterminer dans ses éléments quelque produit nouveau, par exemple la transformation en mannite de petites proportions de matières sucrées? L'action d'un calorifère qui maintiendra à 24° cent. la température de la cuverie, ne produira jamais un effet pareil, et remplira le but qu'on se propose, d'obtenir une fermentation prompte. S'il s'agit de vins communs, l'emploi d'un cylindre dépassant la hauteur de la cuve, et chauffé au charbon de bois, en activera singulièrement le travail.

Égrappage.

La grappe contenant de l'albumine végétale, et par conséquent du ferment, il est essentiel qu'elle soit dans la cuve en contact avec le moût, surtout quand ce moût est très-sucré. Ainsi, il y a dans le Midi des raisins qui, privés de leur râfle, ne peuvent entrer en fermentation; et on est même quelquefois obligé de leur ajouter une certaine quantité de grappes que l'on a préalablement écrasées. Mais la râfle contient encore du bitartrate de potasse et du tannin; de plus, sa présence dans le chapeau facilite le dégagement des produits gazeux de la fermentation, produits qui se combinent en certaine proportion aux vins des cuvées qui n'ont pas été égrappées; enfin, avec un marc qui n'a point été dérapé, les parties liquides de la cuve ne montent pas à un niveau aussi élevé, et restent par conséquent plus à l'abri du contact de l'air et en dehors des atteintes qu'elles peuvent recevoir des actions morbides du chapeau. Ainsi, de toute manière, il ne faut point rejeter la grappe de la cuve. Un seul fait est à l'appui de l'opinion contraire : dans le cuvage, la râfle a absorbé un peu d'alcool; mais, comme son suc est, en revanche, moins chargé dans ce cas de bitartrate et de tannin, et que d'ailleurs la richesse en alcool de nos vins suffit amplement à leur conservation, la quantité qu'elle leur en enlève est si minime, qu'en face de ce seul inconvénient, comparé aux autres avantages qui résultent de sa présence dans la cuve, on doit passer outre sans hésiter. Comme il est important que le chapeau soit le moins possible au contact de l'air, on doit cependant égrapper les derniers paniers de raisins versés sur la cuve. On en nivellera plus facilement la surface en la battant fortement avec le dos d'une pelle en bois.

Couvrement des cuves.

Les cuves couvertes n'ont point tenu ce qu'elles avaient promis. L'appareil Gervais et les fermetures hermétiques n'augmentent pas, comme on l'avait annoncé, la quantité d'alcool du vin fait sous l'influence de ces systèmes. D'ailleurs, comme le jus du raisin, entièrement privé du contact de l'air, ne possède point la propriété de fermenter, le travail se fait plus lentement dans les cuves fermées. Elles ont encore cet inconvénient, que l'acide carbonique dégagé se combine au vin dans une proportion d'autant plus forte qu'on opère sous une pression plus élevée, et que la saveur piquante et particulière qui en résulte persiste long-temps.

On a renoncé promptement à ces appareils; puis on a vivement recommandé un faux-fond fixé aux

deux tiers de la hauteur de la cuve par des traverses butées sur des tasseaux. Ce fond, percé de
trous nombreux, laisse encore un intervalle entre
ses bords et ceux de la cuve, de manière à y mé-
nager un passage facile aux produits liquides et
gazeux de la fermentation; il est destiné à maintenir le chapeau entre deux vins. On a dit qu'a-
vec cette disposition, le chapeau n'était point
exposé au contact de l'air, qui pouvait en déterminer l'acétification, et que le vin en recevait
une plus belle couleur. Cette méthode est essentiellement défectueuse : d'abord, les gaz, qui ne
peuvent s'échapper que difficilement à travers le
faux-fond lors de la fermentation tumultueuse,
exercent une pression très-forte à la partie inférieure de la cuve; cette pression peut provoquer
des ruptures de cercles, et projeter le moût par-
dessus les bords du jable; et, de plus, les gaz se
dissolvent dans le vin. Ce qu'il y a de plus grave
dans ce procédé, c'est que, par un effet de la réaction des produits gazeux sur les parties liquides
du bain, toutes les molécules du vin sont, d'une
manière continue, portées, du bas au haut de la
cuve, à travers le marc du raisin : elles sont donc
sans cesse, et toutes sans exception et successivement, mises en contact avec l'air extérieur, et
cela à une température de 30° cent.! Ainsi, dans
le but de soustraire le chapeau à l'acétification, on
a exposé le vin à cette dégénérescence. Mais on ne
l'a pas cru, parce que de petites quantités d'acide
acétique se perçoivent moins à la dégustation,

quand elles sont en dissolution dans le produit de toute une cuve, et dès-lors on ne s'est point préoccupé de ce qu'il y avait, sous ce point de vue, de vicieux dans cette méthode.

Un couvercle en bois léger, percé de trous, laissant quelque intervalle entre ses bords et ceux de la cuve, et appliqué sur le marc, immédiatement après l'encuvage, doit seul remplacer tous ces appareils de fermeture et de couvrement, dont l'emploi ne peut soutenir un examen approfondi, surtout quand il s'agit de nos vins, qui doivent rester très-peu de temps en contact avec leur marc.

Une autre manière de conduire la fermentation, est celle des vignerons qui, chaque matin, donnent le *coup de pied* au chapeau, et le donnent d'autant plus qu'il présente moins de franchise dans son goût. Il est certain qu'on rétablit le marc dans toutes ses qualités, en le plongeant dans la cuve. Mais aussi, les principes viciés dont il était atteint et qu'on a cru détruire, ont été, par cette fausse mesure, mis en dissolution dans le vin. Ils ne sont donc que dissimulés momentanément, et reparaîtront tôt ou tard.

La seule méthode qui permette de soustraire certainement le vin aux dégénérescences morbides du chapeau, consiste à ne rien changer, jusqu'au moment du foulage, à la disposition que nous avons donnée au marc de la cuve. Quand il est opportun de procéder à cette opération, on enlève soigneusement la partie supérieure du chapeau, sur une épaisseur de 5 à 10 centimètres. De nom-

breux essais m'ont prouvé que les mauvais goûts
ne dépassaient pas cette profondeur; et, que la cause
qui les produit vienne de l'action de l'air, ou soit
de nature animale, comme j'ai lieu de le croire, il
est de fait que le rejet de quelques sapinées d'un
marc desséché assure toujours la franchise et la
santé du vin. Ainsi, par les mesures que nous avons
prises dans le principe pour la disposition du
chapeau, et par le sacrifice qui est fait plus tard
de quelques centimètres de gêne prise à sa surface,
on préserve toutes les substances qui se trouvent
au-dessous, des actions morbides que le contact
de l'air détermine souvent dans les cuves, puisque à cette profondeur elles se trouvent hors des
atteintes du mal.

Durée de la fermentation.

Nous avons vu que le travail de la fermentation
dans la cuve commence dès que la température
dépasse 15° centigrades. Elle s'établit par centres
d'action irrégulièrement placés au milieu du
marc, autour desquels les décompositions se pro-
pagent sphériquement. Le maximum d'effet s'observe quand il y a réunion des groupes en mouvement. Toutefois, le moût pris sur les bords de la
cuve présente, jusqu'à la fin, plus de densité et
moins de chaleur que le moût du milieu; souvent
on constate des différences de 6° centigrades. La
transformation en alcool des principes sucrés du
raisin pouvant s'effectuer dans le tonneau, et à une
température peu élevée, il est certain qu'il est inu-

tile de prolonger le contact du vin avec son marc,
pour arriver à une fermentation complète.

Coloration du vin.

Un des principaux effets du cuvage est la coloration du vin. Comme il m'a paru, d'après plusieurs
faits, entre autres par la teinte très-foncée que
présentent certains vins fort verts, que le bitartrate de potasse jouait un grand rôle dans cette
action, j'ai assimilé ce qui se passait à ce sujet
dans le travail de la cuve aux opérations usitées
dans l'art du teinturier. L'eau de dissolution est la
substance à colorer; le bitartrate est le mordant;
la cellule contient la matière colorante. Insolubles
dans l'eau, les matières colorantes du vin deviennent solubles dans l'alcool. Quand le bain marque
3° au-dessous du zéro du gleuco-œnomètre, et que
la température est à 30° centigrades, on se trouve,
d'après de nombreuses expériences, dans les meilleures conditions possibles pour obtenir une teinte
solide. Le foulage est alors très-opportun : il ex-
prime de la cellule la matière colorante, et la fixe
sur le vin. A mes yeux, voilà le principal but du
cuvage. Ce résultat obtenu, il est inutile de le
prolonger, puisque, s'il reste encore dans les liquides des portions de sucre non décomposées, elles
peuvent, dans des conditions très-favorables, terminer au tonneau leur transformation. En choisis-
sant, pour fouler, le point de densité que j'ai in-
diqué, on obtient encore cet avantage, qu'on élève
toujours de quelques degrés la température de la
cuve, et qu'ainsi l'on se rapproche de ce qui se

passe dans les années de qualité. La fermentation étant une combustion, on comprend qu'elle donnera un développement d'autant plus considérable de calorique, qu'il y aura dans le suc du raisin plus de substances riches en carbone. C'est pour cela que, dans les années à moûts très-denses et très-sucrés, la chaleur de la cuve est toujours plus élevée. On explique de la même manière comment, par un foulage donné au fort du travail, et qui fournit un nouvel aliment à la combustion, on doit obtenir le maximum d'effet. En adoptant ce mode de conduite pour la marche du cuvage, la fermentation fait des progrès plus rapides, et j'ai constamment, en opérant d'après les deux méthodes sur des cuvées de mêmes crus, vendangées et remplies dans les mêmes circonstances, obtenu une réduction de vingt-quatre heures dans la durée du travail. Quant au fouloir à employer, l'introduction de un ou de plusieurs hommes dans la cuve m'a paru le moyen le plus simple, et celui qui donne les résultats les plus complets.

Dissolution du tannin.

Les vins rouges étant plus riches en tannin que les vins blancs, il est fort probable que cet élément conservateur provient en partie de l'action sur les matières végétales, à une température élevée, des acides contenus dans les substances en fermentation. Mais, quelle que soit son origine, comme les liquides saturés perdent de leurs principes fixes quand la chaleur de la dissolution diminue, on doit décuver quand le maximum d'effet s'est produit : donc, avant tout, abaissement de température.

Inconvénients du contact prolongé du marc avec le vin.

Ces deux résultats de la coloration et de la production du tannin obtenus, il est inutile de prolonger le séjour du vin dans la cuve : il y a au contraire de graves inconvénients à s'y exposer; ainsi, à la suite de la fermentation alcoolique, il peut arriver que, par le contact du chapeau avec l'air, et en présence des substances azotées contenues dans le raisin, il se détermine un nouveau travail, dans lequel l'alcool disparaîtrait en partie. A sa place, on trouverait dans le liquide de l'ammoniaque, de l'acide lactique, de la mannite, enfin tous les produits d'un commencement de fermentation putride, dont les effets peuvent plus tard envahir le vin dans le tonneau, et le livrer à une décomposition complète. Comme, en privant les sucs végétaux du contact de l'air, on arrête ces mouvements de transformation secondaire, il est de la plus grande importance de renfermer le plus tôt possible les vins dans le tonneau.

Durée du cuvage pour les vins légers.

Il est généralement reçu que les vins légers et faibles demandent à rester plus long-temps dans la cuve. C'est une erreur. On parviendra au contraire à leur donner plus de solidité, en diminuant la durée de la cuvaison, et voici pourquoi : les matières sucrées sont d'autant plus promptement transformées, qu'elles dominent moins dans la composition des moûts; dès-lors, l'effet du cuvage étant plus tôt terminé, le vin est aussi plus tôt exposé aux influences morbides du chapeau. Un dernier fait à l'appui de cette influence de la prolongation du cuvage sur la santé ultérieure des vins : En 1840, un vin tiré en blanc, et provenant de raisins rouges tellement grêlés, qu'on n'avait point voulu les réunir à aucune cuvée, n'a point éprouvé la décomposition qui a, du plus au moins, atteint tous les vins rouges de cette année malheureuse; on ne pouvait lui reprocher qu'un léger goût de non-franchise. Enfin, chacun sait que les vins blancs de cette même récolte ont bien fini.

Décuvage.

S'il existait des tableaux raisonnés de l'intervalle qui s'est écoulé entre la mise en cuve du dernier panier de raisin et le moment du tirage pour une période de plusieurs récoltes consécutives, ce serait certes là le meilleur guide à donner pour la détermination du point convenable à l'opportunité d'un bon décuvage. En général, de douze à vingt-quatre heures au plus après un foulage donné dans les conditions exposées ci-dessus, il faudra décuver; mais auparavant on s'assurera encore à nouveau de la franchise de la surface du chapeau; et, s'il en était besoin, on en rejetterait encore quelques parties, comme on l'a fait avant le foulage. Ces mesures de précaution prises, on emploiera le siphon en fer-blanc et à robinet pour le tirage du surmoût. L'entonnage se fera au moyen de *bennes* et *tines* portées par deux hommes. J'ai essayé l'enfûtage direct au sortir de la cuve par des conduits en fer-blanc qui amenaient immédiatement le surmoût dans les tonneaux. Ce procédé est défectueux, en ce qu'il reste en dissolution dans le vin une certaine quantité d'acide carbonique qui lui donne cette saveur piquante et désagréable dont j'ai déjà parlé. Le décuvage à la sapine bat fortement les liquides; l'emploi du siphon est un moyen mixte qui doit être préféré. Les *bierres* destinées au transport de la gène sont d'un bon usage; elles aident singulièrement à la promptitude de ce travail.

Des Pressoirs.

Deux mots sur les pressoirs employés. Sous le rapport de la puissance, les anciens pressoirs à arbre tiennent le premier rang, malgré la grande perte de force qui se fait dans la manœuvre de leur mécanisme. Les pressoirs cylindriques Revillon et les pressoirs troyens sont préférables, en ce qu'ils tiennent moins de place dans les halles, et qu'ils permettent de surbaisser davantage le plafond des cuveries; enfin, il suffit d'un petit nombre d'ouvriers pour serrer un sac de vin, et ils opèrent en moins de temps qu'avec les autres appareils. Les pressoirs à colonnes et à vis, qui sont les plus répandus dans nos vignobles, dépensent beaucoup de force et de temps, sont d'un entretien coûteux, et tiennent dans les halles une place énorme : peu à peu on les verra remplacés par les systèmes nouveaux. Il a été objecté contre eux qu'ils rendaient moins au pressurage, et que la gêne dont ils ne faisaient plus rien sortir donnait encore du vin quand on la soumettait aux autres pressoirs. Ce reproche n'est point fondé (et d'ailleurs les vins de presse sont de si pauvre qualité, qu'on peut sans grande perte les laisser dans le marc); car, si l'on prend de la gêne complètement exprimée par les pressoirs nouveaux, et qu'on la soumette à nos anciens appareils, ils en feront encore sortir tout autant de pressurage que dans l'expérience contraire. Cela tient à ce que le sac dont on a modifié la forme se trouve pour l'un et l'autre cas dans de nouvelles conditions à pouvoir être mieux exprimé qu'avant le changement opéré dans la masse.

Qualités des vins de goutte et de presse.

Nous avons vu que le tirage des cuves donnait quatre espèces de vin : 1° le surmoût ou vin de goutte; 2° le vin d'ablégement; 3° le vin de la première serrée; 4° le vin des dernières serrées. Il y a généralement peu de différence entre les deux premières qualités, et on les réunit pour l'entonnage. Toutefois, le surmoût est plus riche en alcool. Le vin de la première serrée est moins spiritueux, plus acerbe, et surtout plus chargé de tartrate acide de potasse. Il est important qu'il soit réuni en proportion convenable au surmoût : car j'ai souvent constaté que si les vins de goutte présentaient en vieillissant plus de vinosité que les vins de presse, ils n'étaient point aussi chargés que ces derniers de parties sapides et odorantes. Si on rapproche de ce fait celui de la non-existence du bouquet dans les vins du Midi, tandis qu'au contraire les vins si verts des bords du Rhin sont ceux qui sont le plus parfumés, on en conclura que l'arôme des vins doit être produit par un éther résultant de l'action des acides sur l'alcool, et que cette action se détermine principalement dans le tonneau.

Caractères des derniers vins de presse.

Le vin des dernières serrées a jusqu'ici été considéré, en raison de son âpreté, comme le plus chargé de tannin. Cette opinion n'est point fondée : en effet, ces vins prennent beaucoup moins bien la colle que les autres; ce qui ne devrait pas être s'ils étaient plus riches en tannin. Des essais nombreux faits à ce sujet m'ont convaincu que ce n'était pas à la présence du tannin que les dernières serrées devaient leur dureté, mais à de petites portions d'huile de pépin et du principe extractif qui l'accompagne. Ces substances ont été extraites du sac à une très-faible dose par les coupées et les pressurages; et comme elles sont solubles en partie dans l'alcool, les éthers, les huiles essentielles, et que tous ces éléments se retrouvent dans le vin, ce sont elles qui impriment aux dernières serrées cette saveur austère qui les caractérise. Comme la pellicule du grain contient aussi une huile particulière, il serait encore possible qu'on dût attribuer à ce principe la saveur que nous présentent les vins de presse et les vins dont on a prolongé le séjour dans la cuve. Ainsi, en résumé, en attribuant au tannin l'âpreté qui domine dans les derniers vins de presse et les vins très-cuvés, on a faussement été conduit à propager ces méthodes de cuvage prolongé, si pernicieuses à la santé du vin. D'après ce qui précède, il est complètement inutile de réunir les dernières serrées à la masse, et je me suis toujours bien trouvé de les en séparer, dans la proportion d'un vingtième du produit total.

Soins à donner aux vins nouvellement entonnés.

Quand les vins ont été entonnés, comme ils éprouvent encore dans le fût une fermentation assez vive, on est obligé d'attendre quelques jours avant de les bonder. L'usage s'est établi de placer les vins nouveaux dans des celliers, que l'on aère le plus possible, dans le but de les refroidir et de les voir s'éclaircir promptement. On doit, au contraire, tâcher de maintenir quelque temps dans le tonneau la température que les vins ont au sortir de la cuve. S'il est vrai qu'ils déposent plus lentement, puisque la fermentation se prolonge, j'ai toujours remarqué que les vins traités de cette manière éprouvaient, moins que d'autres, ce léger mouvement de travail qui se manifeste quelquefois pendant l'été suivant. On arrive à ce résultat en

fermant toutes les ouvertures du cellier ou de la
cave où sont déposés les vins nouveaux : la chaleur
qu'ils apportent de la cuve est entretenue par la
fermentation qui s'achève dans les futailles, et s'y
conserve quelque temps. On présente le sceau sur
la bonde dès le lendemain de l'entonnage ; de cinq
à huit jours après, on peut sceller. On doit procéder dans le premier mois, tous les six jours au
moins, au remplissage des vins nouveaux ; car
l'évaporation et l'absorption déterminent une assez
grande déperdition des liquides ; et, à la température qu'ils conservent, il serait imprudent de les
laisser exposés au contact de l'air.

Utilité de se rendre compte des opérations qui président à la vinification.

Il est très-important, afin de se bien fixer sur
la valeur des méthodes que l'on a employées dans
la vinification, de noter sur un registre toutes les
observations des faits qui ont présidé à ce travail.
C'est dans le but d'aider à cet examen, que je
donne le tableau suivant : en en remplissant chaque
année les colonnes, on se créera ainsi le meilleur
guide qui puisse diriger dans ces opérations,
puisque, à côté de la manière dont on aura procédé, on pourra toujours consigner la nature des
résultats obtenus.

Désignation de la halle à pressoir, de la cuve, sa contenance.
Date et heure de la mise en cuve du premier panier de vendange.
Date et heure de la mise en cuve du dernier panier de vendange.
Nombre de paniers encuvés.
Climat d'où sort la vendange, et nombre de paniers de chaque climat.
Etat atmosphérique du jour de la vendange.
Températures maxima et minima du jour de la vendange.
Densité du moût.
Température du moût.
Température du vin.
Densité du vin.
Température du vin.
Densité du vin.
Température du vin.
Densité du vin.
Date et heure du décuvage.
Durée du cuvage.
Produit évalué en pièces de 228 litres.
Goût du chapeau.
Entonnage.
Caractère du vin.
Observations.

RÉSUMÉ.

On peut conclure de cet exposé que les substances soumises au travail de la cuve sont composées d'un si grand nombre d'éléments chimiques,
et subissent une telle succession d'opérations diverses, qu'on ne doit point s'étonner de trouver
beaucoup de dissemblance dans les produits de la
vinification des vins rouges, au double point de
vue de leurs qualités et de la manière dont ils
finissent. Il est donc de la plus haute importance
de ramener les diverses phases du cuvage à une
homogénéité qui soit basée sur des méthodes ra-
tionnelles et éclairées. C'est dans ce but qu'en
résumé je propose l'adoption des mesures suivantes :

On modifiera la construction des halles à pressoir ou leurs dispositions intérieures, de manière
à les rendre moins froides qu'elles le sont aujour-
d'hui.

On foulera la vendange avant de la verser dans
la cuve.

On renoncera à l'égrappage, la grappe étant utile
au travail d'une bonne vinification.

On supprimera dans les cuves, soit les fermetures hermétiques conseillées par quelques œno-
logues, soit les faux-fonds qui maintiennent le
marc plongé dans le liquide.

La méthode adoptée par quelques vignerons,
de plonger chaque matin le chapeau dans le moût,

est très-défectueuse, et on doit en signaler les inconvénients.

On enlèvera soigneusement toute la surface du marc du chapeau avant de procéder aux foulages et au décuvage.

Le contact du vin avec son marc et le chapeau pouvant, par la prolongation du cuvage, déterminer dans sa masse le principe d'un travail secondaire de nature putride, il est très-important de décuver dès qu'on aura obtenu la coloration du vin soumis à la fermentation. Dans ce but, on donnera le foulage à 5° au-dessous du zéro du gleuco-œnomètre, et on tirera douze ou vingt-quatre heures au plus après cette opération.

Quand la température initiale de la cuverie ou du moût s'élèvera à 24° centigrades, il sera toujours possible, en dirigeant convenablement la fermentation, de décuver au bout de soixante-douze ou de quatre-vingt-quatre heures au plus.

Moins les vins seront riches en matières sucrées, moins ils devront séjourner dans la cuve.

On entonnera dans des fûts neufs, l'action du bois neuf paraissant devoir introduire dans le vin un principe de conservation.

Le vin des dernières serrées ne devant point son âpreté à la présence du tannin, il est essentiel de le mettre de côté, puisqu'il est faible, qu'il a le goût d'évent, et possède en outre une saveur austère qui peut altérer la franchise de la cuvée.

Quand les vins seront entonnés, on devra leur conserver, autant que possible, pendant quelques

jours la température qu'ils ont au sortir de la cuve,
mais cela seulement en les isolant des influences
atmosphériques extérieures, et sans avoir recours
à l'emploi d'une chaleur artificielle.

NOTA. Tout en restant sobre de théories, je ne
puis passer sous silence certains faits nouveaux,
dont l'observation précise pourra devenir plus tard
féconde en résultats. J'émettrai toutefois avec
beaucoup de réserve les conséquences qu'on peut
en déduire, comme d'ailleurs on doit le faire en
toutes circonstances analogues, quand il s'agit plu-
tôt de travaux de recherche que de découvertes
accomplies.

En 1837, quelques jours après la vendange, et
lors des premiers remplissages, je remarquai autour de la bonde des vins récemment scellés une
multitude de petits vers, dont la disparution complète n'eut lieu qu'au bout de quinze jours. En
1840 et 1841 je constatai le même fait. Pour ces
années, le ferment rejeté sous forme d'écume par
les vins blancs dans le travail qui suit la mise en
tonneaux, me présenta aussi à l'époque du scelle-
ment une agglomération de petits insectes. En 1841
certaines cuves furent, immédiatement après l'encuvage, couvertes de myriades de mouches analogues à celles qui se rencontrent dans le vinaigre.
Le chapeau de ces cuves ne tarda pas à accuser
une odeur prononcée d'acescence. Curieux d'étu-
dier ce fait, qui paraît se reproduire souvent, et
bien qu'il se fût manifesté sur un vase contenant

48 hectolitres, et dont la valeur était grande, je défendis qu'il fût rien changé à la disposition du chapeau; et, à plusieurs reprises dans la journée, je mesurai le mal en sondant à quelle profondeur l'acétification descendait. Ces progrès furent, le second jour, d'une rapidité effrayante; le troisième jour ils diminuèrent, et sur le soir il y eut un temps d'arrêt complet. J'attendis encore toute la journée suivante, sans rien constater de nouveau. C'était à 11 centimètres de profondeur qu'avait été portée l'altération du chapeau; elle n'avait point marché au-delà. Je fis enlever avec le plus grand soin 0^m15 du marc de la cuve; elle fut ensuite foulée et tirée d'après la méthode ordinaire, et le vin en fut excellent. J'en ai conservé comme essais quelques pièces jusqu'en 1844; à cette époque elles ont été vendues dans le meilleur état de conservation. J'ai arrêté, d'après l'étude de ce fait, mon opinion sur le recouvrement des cuves. Mais passons : ce n'est point là le sujet de cette note. Pour continuer mes observations sur les animalcules qui paraissent être engendrés dans certains produits altérés provenus des sucs du raisin, j'examinai les champignons qui se déterminent quelquefois à l'entour des faussets, et les moisissures qui résultent du suintement du vin à travers les douves du tonneau. Ces substances, soumises au pouvoir amplifiant d'une forte loupe, m'ont présenté un mouvement que je n'ai point hésité à attribuer à la présence d'insectes microscopiques. Cette série d'observations m'a naturellement conduit à penser

qu'il ne serait pas sans intérêt d'examiner au microscope diverses substances provenant de vins malades et altérés. Deux personnes, à Paris, ont bien voulu, sur ma demande, se charger de quelques études sur ce sujet. L'une a constaté la présence d'animalcules dans les champignons des faussets, dans la fleur qui surnage les vins à l'essai et en vidange, dans les vins bisaigres, enfin dans les vins *poussés* que cette maladie acétoputride avait complètement détruits. Moins heureux, ou placé dans des circonstances différentes, l'autre observateur n'a vu dans les champignons du fausset, la fleur et le vin poussé, que des végétations cryptogames ; le vin bisaigre seul a présenté, comme on devait s'y attendre, les *anguilles* du vinaigre.

Ne peut-on point conclure de ces faits que, suivant la manière dont les saisons, la vendange, la vinification, se seront présentées, il pourra se déterminer dans les sucs du fruit ou à la surface du chapeau dans la cuve une production spontanée particulière, et variable d'une année à l'autre, d'animalcules microscopiques qui, sous l'empire de certaines circonstances, envahiront les vins dans le tonneau. Des recherches sur ce sujet me paraissent d'un haut intérêt, et devront, à mon avis, jeter un grand jour sur les principales phases des maladies des vins. Une des conséquences des observations microscopiques serait peut-être encore une différence d'aspect facile à constater pour les vins naturels ou falsifiés ; et la découverte de ce fait aurait rendu un grand service au commerce. Que nos compatriotes ne prennent point ombrage de ces études. Les animalcules des vins altérés ne seront pas particuliers à la Bourgogne : c'est sur des bordeaux que les premières recherches ont été faites à Paris ; et d'ailleurs je ne sache pas que, depuis qu'on nous a montré dans l'eau les myriades d'animalcules qui s'y trouvent, personne ait encore renoncé à son usage.

A. DE VERGNETTE-LAMOTTE.

NOTICE

SUR LA RÉCOLTE DES VINS

DANS LES GRANDS CRUS DE LA COTE-D'OR.

Principes constituants du raisin non mûr.

La récolte des vins est une des opérations importantes de la culture de la vigne; et cependant tout ce qui a rapport à la vendange est généralement traité dans la Côte-d'Or avec beaucoup de négligence. Les principes qui doivent en fixer l'époque dépendent de circonstances tellement complexes, que le moment favorable est très-difficile à déterminer. Ainsi, s'il y a inconvénient à devancer la maturité, il en est peut-être plus encore à la dépasser. Pour examiner avec exactitude la portée de ces deux sortes d'écueils, il est essentiel de bien établir quels sont les principes chimiques qui dominent dans le suc du raisin vert, et dans le suc du raisin trop mûr. Dans le raisin vert, le tartrate acide de potasse, les tartrates et malates de chaux, les acides pectique, racénique, gallique, unis à des bases diverses, sont les composés fixes dominants. Dans l'eau, le tartrate acide de potasse se décompose peu à peu. Il se transforme en carbonate de potasse et en matière blanchâtre à goût de moisi (vulgairement appelée fleur), qui surnage, et résulte de l'excédant du carbone de la matière végétale. La dissolution peut alors perdre la réaction acide; et, comme les alcalis provoquent l'absorption de l'oxygène dans les substances qui, à elles seules, n'en absorberaient pas, ce fait entraîne la décomposition du suc du raisin vert abandonné au contact de l'air. Mais si l'on soustrait les sucs végétaux à l'action de l'oxygène, les sels qu'ils contiennent en suspendent la désorganisation; les autres composés carbonés, tels que le sucre, la gomme, le mucilage, font, à un faible degré, partie des principes constituants du suc des raisins à demi mûrs.

Principes constituants du raisin mûr.

Dans le raisin dont la maturation est complète, on retrouve moins d'acide tartrique : comme les feuilles ont jauni, il y a eu dans leur substance absorption d'oxygène ; dès-lors elles n'en ont point transmis aux produits végétaux la même quantité, et les acides ont été remplacés en partie par le sucre, la gomme, le tannin, le gluten et les matières mucilagineuses.

Le moût est, de ce moment, devenu éminemment susceptible d'éprouver la fermentation alcoolique.

Influence des saisons sur le raisin à l'époque de la vendange.

Ceci établi, voyons quelle est l'influence des saisons sur le raisin. Quand le point de la maturité est dépassé, si la température est élevée, la saison non pluvieuse, l'acide tartrique se transforme en sucre, et l'on a pour résultat dominant un moût très-riche en matières fermentescibles. Si la saison est pluvieuse, la pellicule du raisin se gonfle, se déchire, et la fermentation putride due au contact de l'air s'établit dans la grume (grain). Toute fermentation étant une action désoxygénante, une partie du sucre du raisin se transforme ainsi en mannite (1), et l'autre portion en acide lactique (2), appelé dans le suc par la présence des bases ammoniacales. Dès-lors, les liquides que l'on soumet au travail de la cuve contiennent, en présence du sucre, un liquide en mouvement de fermentation putride, dont plus tard on doit

(1) La mannite peut être représentée par la formule atomistique

$$\overset{C}{12} \quad \overset{H}{24} \quad \overset{O}{12} \quad \overset{O}{2}$$

qui nous montre qu'elle résulte de la désoxygénation du sucre de raisin,

$$\overset{C}{12} \quad \overset{H}{24} \quad \overset{O}{12}$$

Mais par la fermentation putride, l'azote du gluten s'unit à l'hydrogène de l'eau pour donner de l'ammoniaque, qui se combine avec les acides; tandis que l'oxygène de l'eau et celui du sucre se portent sur le carbone du ferment pour donner de l'acide carbonique.

(2) Un atome de sucre de raisin donne, en présence des bases ammoniacales, deux atomes d'acide lactique.

$$\overset{C}{12} \quad \overset{H}{24} \quad \overset{O}{12} = 2 \left(\overset{C}{6} \quad \overset{H}{12} \quad \overset{O}{6} \right)$$

craindre de subir l'action désorganisatrice. Toutes ces influences prennent un développement d'autant plus considérable, qu'il s'agit de fruits récoltés dans des vignes plus jeunes et plus chargées d'engrais : car le gluten, et par suite le ferment, sont, dans le raisin, proportionnels à la quantité d'azote qui, sous forme d'ammoniaque, est amené aux racines de la vigne par les matières animales putréfiées des engrais, et par les eaux pluviales, qui en contiennent une certaine proportion à l'état de carbonate d'ammoniaque. D'ailleurs, on sait que le sucre renferme un très-grand nombre d'atomes, et qu'en ajoutant à sa composition les éléments de l'eau et du gluten, on peut en déduire toutes les combinaisons organiques azotées et non azotées, combinaisons en général d'autant moins stables qu'elles sont plus complexes, mais donnant toujours pour résultat final de la fermentation putride les composés les plus fixes, qui sont l'ammoniaque pour les produits azotés, et l'acide carbonique pour les produits carbonés.

Influence des gelées d'automne sur le raisin.

Si la saison est froide, on doit redouter ces gelées légères, dont l'action suffit pour attaquer le parenchyme du raisin. Dans ce cas, le raisin non mûr devient flasque; la grappe s'atrophie, et ne nourrit plus le grain; la grume (grain) rougit : il y a décomposition partielle, comme dans tous les fruits gelés, et développement d'un principe de fermentation putride et acéteuse. Les raisins parfaitement mûrs résistent mieux aux premières gelées d'automne, et une partie des grains de la grappe peuvent se dessécher sans altération. Le raisin qui s'est ainsi passerillé peut donner un produit de qualité (vignobles de la Hongrie). Comme il est de la plus grande importance pour la conservation du vin de récolter le fruit avant qu'il ne présente ces principes de putridité, on doit donc, dans la fixation du moment de la vendange, se préoccuper de toutes les circonstances qui peuvent les y développer: car il suffit d'une très-petite quantité de substance ayant subi cette décomposition pour reproduire les mêmes phénomènes dans des masses considérables de la même matière non altérée.

Nature des vins produits par diverses qualités de raisins.

Ainsi, en résumé, le moût d'un raisin qui ne sera point parvenu à sa maturité, contiendra un excès de sels acides qui contribueront à la conservation du vin (en 1837); tandis que dans le cas où l'on aura dépassé la maturité, les sucs obtenus pourront, dans certaines circonstances défavorables, présenter un principe de fermentation putride dont l'action sera préjudiciable à la santé et à l'avenir de la liqueur qui en proviendra, exposée dès-lors à contenir de ces produits ammoniacaux qui lui enlèvent son bouquet, et lui impriment une saveur repoussante.

*La Verdeur des vins est favorable au développement
de leur bouquet.*

Si l'automne est chaud et sec, le raisin dont
on aura dépassé la maturité sera fort riche en matières sucrées, et donnera un vin très-spiritueux
qui rappellera certains vins du Midi, mais pourra manquer de bouquet : car on sait que les parties sapides et odorantes ne se trouvent point dans
les vins faibles en acide tartrique. Ainsi, c'est à
ce principe que les vins du Rhin doivent leur
arôme, arôme que l'on retrouve à un moindre
degré dans nos vins de France, plus sucrés, et
encore moins dans les vins du Midi. C'est par la
même cause que l'on explique comment le vin
de goutte pur de tout pressurage, est plus spiritueux, mais moins odorant que celui qui a reçu le
vin plus acide de la première presse.

Epoque de la vendange à diverses périodes.

De 1716 à 1795, dans une période de 79 ans,
on a vendangé soixante-quatre fois en septembre,
et quinze fois en octobre; de 1796 à 1844, dans
une période de 49 ans, on a vendangé vingt-cinq
fois en septembre, et vingt-quatre fois en octobre.
Il est constant, d'après ces données statistiques
vérifiées à plusieurs sources, que nous vendan-
geons plus tard qu'autrefois. Ce fait doit être at-
tribué au morcellement des terres. Le cultivateur,
devenu propriétaire, s'est plus préoccupé de la
quantité que de la qualité de ses produits. Dans

ce but, il a couvert sa vigne d'un plus grand nombre de ceps : ce nombre, qui était de 810 par ouvrée (de 4 ares 28 centiares) dans l'ancienne culture, a été porté à 1090 et plus. Il en est résulté plus d'ombre dans la vigne; le fruit a été plus abrité contre l'action desséchante des vents; la quantité d'oxygène rejeté dans la végétation étant proportionnelle à l'intensité de la lumière, il s'est développé plus d'acide dans le raisin; le sol, restant plus humide et étant plus chargé d'engrais, a prolongé la végétation; et, par suite de cette riche alimentation portée sur les feuilles, il n'y a point eu élaboration complète des sucs du fruit. On a donc été obligé de retarder l'époque de la vendange pour obtenir, par la prolongation, la chaleur, les qualités requises dans le raisin pour la production d'un bon vin; mais alors on s'est exposé aux pluies et aux froids de l'automne, et on a compromis ses récoltes (1).

La présence du Soleil sur l'horizon est, comme chacun sait, beaucoup moindre dans les derniers jours de septembre qu'au commencement de ce mois : le cours des saisons expose donc le raisin à toutes les influences de pluie et de froid dont j'ai consigné plus haut l'action sur les principes constituants des sucs qu'il contient. Enfin, plus la ré-

---

(1) Du 1er au 15 septembre, on compte en moyenne 3ᵢ75 de pluie; du 15 septembre au 30 septembre, on en a constaté 7,25.

colte reste de temps sur pied, plus on doit redouter pour elle les sinistres de la grêle; et l'on
sait que ce fléau est la principale cause à laquelle
on doit attribuer la non-conservation des vins de
plusieurs récoltes. En 1840, la grêle ayant brisé
la cellule qui contenait le suc du raisin à demi
mûr, il a été, sous l'action des pluies continuelles
qui ont précédé la vendange, le siége d'un commencement de fermentation putride qui s'est propagé dans le vin : si la saison eût été chaude, le
grain attaqué se fût desséché et séparé de son pédoncule, ce qui n'est pas arrivé.

Caractère de la maturation du raisin.

Les caractères auxquels on reconnaît que le
raisin est arrivé au point complet de maturité sont
les suivants : la grume (grain) prend une teinte
plus foncée; sa pellicule est mince; le pédoncule du
grain est brun, et ce grain s'en détache facilement ;
enfin, la grappe prend aussi une couleur brune,
et le pepin devient d'un vert très-foncé. Mais ces
caractères ne se présentent pas toujours avec la
même nature physique du raisin. Si la floraison
s'est faite dans des circonstances favorables, le
grain est serré, le raisin court, et il existe un
double rang de grumes, dont le premier seul présente ces caractères de maturité, l'autre restant
encore vert. Quand le printemps est pluvieux, la
vigne absorbe par ses feuilles une grande quantité
d'acide carbonique, d'eau et d'ammoniaque : alors,
la végétation recevant une trop riche alimentation,

les organes de la reproduction languissent, et la
fleur coule. Dans ce cas, le raisin est long, les
grains peu serrés, d'inégale grosseur, et la maturité du fruit, pris isolément, sera toujours plus
égale.

*Les Observations météorologiques doivent aider à la
détermination du moment de la vendange.*

Dans les visites qui sont faites par les cultivateurs dans le but de décider l'époque de la vendange, il est essentiel de tenir compte de toutes
ces circonstances. Mais, malgré tous les soins
qu'ils mettent à cette opération, il y a toujours
beaucoup d'incertitude dans les moyens qu'ils em-
ploient, moyens tous fondés sur l'observation. Il
n'y aura vraiment de précision et de convenance
parfaite dans la fixation du jour de la vendange,
qu'autant qu'on joindra aux résultats, peu comparables d'une année à l'autre, de l'étude du raisin
l'examen précis des quantités d'eau tombée pendant l'été, et des degrés maxima de chaleur recueillis chaque jour pendant toute la durée de la
belle saison. Ainsi on constaterait facilement l'é-
poque à laquelle le raisin se met en grains : ce fait
accompli pour les vieux ceps, on pourra affirmer
que toute la vigne aura passé fleur. Qu'à dater de
cette époque, on note avec soin la température de
chaque jour : quand arrivera le moment de la vendange, on additionnera ces degrés, et on arrivera,
pour chaque année, à un chiffre qui sera consigné avec soin. Qu'on fasse la même chose pour les

quantités d'eau tombées à dater de la floraison, et
pour le nombre de jours de pluie qui se seront présentés dans la même période ; qu'on tienne compte
des quantités d'eau tombées avant la vendange, et
du nombre de jours de pluie correspondant : il
résultera de ces données mathématiques un état
tout-à-fait comparable des éléments météorologiques qui auront présidé à la venue du raisin. Si
un tableau de l'état atmosphérique de l'année comparé, comme je viens de le dire, existait depuis
1815, on trouverait, dans cette période de trente ans,
une variété dans la conduite des saisons, telle que
toute année qui se présenterait aurait son type dans
une des précédentes. Rien ne serait plus facile, dès-
lors, que de déterminer le moment de la vendange
d'après l'inspection de ce tableau. En effet, à l'ap-
proche de chaque récolte, on constaterait quels ont
été, à l'époque de la vendange, les chiffres de notre
tableau météorologique qui établissent mathéma-
tiquement, pour les années antérieures, la marche
de la saison sous le double rapport de la température et des quantités d'eau tombée, et l'on vendan-
gerait sur ces données, en se proposant pour mo-
dèles les récoltes qui ont bien fini, sans vouloir
obtenir plus de maturité. On trouverait ainsi qu'en
1822 on a vendangé trop tard, et que les vins, pour
cette raison, ont moins tenu qu'ils n'avaient promis. Ayant donné de cette manière une grande
précision à l'observation des éléments de chaleur
et de pluie qui président à la croissance du fruit,
il serait dès-lors facile, dans cette question si com-

plexe de la vinification, de savoir quelles sont les causes des autres actions qui peuvent influer sur la qualité des produits.

La Chaleur et la Pluie agiront différemment sur le raisin, suivant la nature du terrain qui le nourrit.

Suivant la nature du sol dans lequel la vigne est plantée, la chaleur et la pluie auront une action différente sur la croissance du fruit. On peut ramener en résumé à trois sortes de terrains les terres dans lesquelles les vignes de la Côte-d'Or sont cultivées.

Terrains de calcaire siliceux.

1° Le sous-sol se compose le plus souvent d'un calcaire siliceux appartenant à l'étage inférieur oolitique : le type de ce terrain est Volnay.

Terrains de calcaire marneux.

2° Des plantations faites dans un calcaire marneux me semblant appartenir à l'argile d'Oxford, auraient pour type Aloxe.

Alluvions argilo-calcaires.

3° Il arrive qu'en face des vallées qui sillonnent notre Côte, et qui lui sont perpendiculaires, il y a des alluvions assez élevées au-dessus de la plaine pour se trouver dans les zones des bons crus. Les vignes cultivées sur ce dépôt donnent un vin corsé et très-franc : Pommard en serait le type. Il existe quelques lambeaux de calcaires dolomitiques qui produisent un vin d'une excessive finesse et d'un cachet tout particulier : les climats des Arbelets, des Channots et des Pezerolles, à Pommard, nous présentent ces terrains.

Alluvions tertiaires.

4° Enfin arrive la grande alluvion tertiaire de la plaine à sous-sol argilo-siliceux, compacte, ou bien à sous-sol sablonneux.

Suivant la manière dont la saison se conduira, il y aura, pour ces diverses formations, une végétation particulière de la vigne, et le fruit présentera des caractères différents.

Dans les années à mois de juillet pluvieux, l'avantage sera pour les terrains à sous-sol sablonneux et calcaire. Dans les années sèches, au contraire, les terrains marneux et argilo-siliceux seront dans des circonstances plus favorables. Dans le premier cas, le raisin des terrains marneux se gonflera outre mesure; et dans le second cas, celui des terrains secs ne saurait prendre de développement. C'est pour cette raison que, dans le Médoc, où les vignes ont pour sous-sol un grès ou poudingue ferrugineux, sans cohésion, les années très-chaudes (telles que 1818, 1822, 1832 et 1842) donnent des vins qualifiés de lourds et chauds, tandis que ces années donnent des vins de grande qualité pour la Bourgogne. On explique de la même manière comment les vins de seconde cuvée venus dans les terrains marneux de la plaine ne seront point trouvés, dans certaines années chaudes et de grands vins, telles que 1842, à une classe aussi basse qu'ils eussent dû l'être.

Il est facile de se rendre compte de ces divers faits. Au moment où le raisin se forme, la sève contient des sels et des acides végétaux. Avant que le raisin commence à mûrir, son suc est très-riche en tartrate acide de potasse et en acide malique, ces deux substances affluant dans une proportion d'autant plus grande dans la sève, qu'il y a eu un plus grand développement de chaleur. Les bases sont donc appelées avec force dans la circulation végétale; mais elles ne peuvent y arriver qu'en dissolution dans l'eau. Si donc il y a une longue sécheresse, le sol ne pouvant fournir au fruit la quantité de bases correspondant à la capacité de saturation de l'acide, le raisin, manquant de sa nourriture constituante, languit et ne peut se développer. Le vigneron dit alors que le raisin arsit. Ce fait se reproduit surtout dans les vignes très-cultivées, pour lesquelles le volume des racines du cep n'est point en rapport avec les fruits qu'elles doivent alimenter. Quand, au contraire, la saison est favorable, et présente des alternances convenables de chaleur et de pluie, les bases entrent facilement dans la circulation, et saturent au fur et à mesure les quantités d'acides développées. Plus tard, quand le raisin mûrit, comme ce sont les acides qui concourent à la formation du sucre, en rejetant une partie de leur oxygène, il s'ensuit que la sève contient une moins grande proportion de potasse : la vigne n'a donc pas besoin de pluie; et, en fin de compte, la quantité de sucre développée sera proportionnelle à la quantité d'acide qui sera produite : ce que les vignerons ont signalé depuis long-temps, en disant que quand le verjus se fait par un temps convenable, cela est de bon augure pour la qualité du vin qui en résulte.

Au moyen des tableaux météorologiques dont j'ai parlé, on noterait encore quelle est l'influence des vents du nord sur la bonne venue du fruit; on verrait aussi quelle action funeste les pluies (1) qui précèdent immédiatement la vendange ont sur la qualité du vin; et l'on se rendrait compte, en comparant chaque année avec les années précédentes, des chances de durée et de bonne fin que présenteraient les vins de chaque récolte.

En résumé, sans rejeter l'utilité des visites qui seraient faites par des experts cultivateurs, on se servirait des tableaux météorologiques de l'été comparés à ceux des années précédentes, pour concourir à la fixation du moment de la vendange; enfin, on aurait égard pour chaque localité à la nature des terrains qui sont livrés à la culture de la vigne.

Il y aurait encore à faire, pour la récolte, état de la différence de maturation que présentent les jeunes et les vieux ceps. En aucun cas le fruit de plantes ayant moins de douze ans ne devrait entrer dans la composition des premières cuvées : les

______

(1) J'ai constaté par des pesées exactes que, le lendemain d'un jour de pluie, il y avait dans le raisin mûr une absorption d'eau, tant mécanique qu'organique, qui pouvait s'élever jusqu'à 5 0/0 du poids primitif.

raisins des jeunes plantes mûrissent plus tôt, mais ils contiennent une moins grande proportion de sels et de sucre; ils sont plus forts et à grains plus serrés, enfin plus exposés à la pourriture. Le raisin des vieux ceps, moins précoce, résiste davantage à l'influence de la pluie.

Urgence d'un ban de vendange.

Il résulte de ce qui précède qu'il est urgent de rétablir un ban de vendange, auquel seraient assujettis tous les grands crus. L'époque en serait fixée par un comité spécial qui en discuterait l'opportunité, au double point de vue de son importance pour le commerce et la propriété. Après un examen approfondi de toutes les données qui se présenteraient dans cette question si complexe de la récolte des vins, le comité s'entendrait avec les maires de chaque commune pour avoir leur concours dans cette mesure. En s'occupant long-temps à l'avance de la question des vendanges, on arriverait à une solution plus raisonnée du problème; et on obtiendrait encore cet avantage, qu'en publiant de bonne heure le ban qui sera convenu, on aura pour la récolte un concours plus complet des habitants de l'Auxois et du Morvan, qui depuis quelques années sont prévenus trop tard pour venir nous apporter leur aide.

Les qualités d'un produit de l'importance de nos vins, qui resteront toujours les plus grands vins du Monde, pourraient certainement être quelquefois compromises, si on laissait aux communes la décision du moment de la vendange : car souvent, faute de données convenables, elles ne seraient point suffisamment éclairées sur son opportunité.

Il est essentiel, pour les vins fins, de remplir une cuve dans l'intervalle d'une journée, et de procéder à la récolte par un beau temps. J'ai donné plus haut les raisons de cette urgence : car, autant on devra craindre les pluies qui auront précédé la vendange, autant, à la suite de quelques journées de chaleur, on se trouvera obtenir un produit de hautes qualités. En 1841 et 1842, certains crus vendangés par la pluie sont toujours restés inférieurs à ce qu'ils auraient dû être. Voici un tableau de la température du jour de la vendange de Volnay dans les dernières années.

Années.	1837	1838	1839	1840	1841	1842	1843	1844
Dates de la vendange.	10 oct.	8 oct.	30 sept.	25 sept.	17 sept.	19 sept.	16 oct.	23 sept.
Degrés centigrades..	10	13	14	16	17	24	6	18

Les tableaux suivants présentent :

Le n° 1, le nombre de jours qui se sont écoulés entre la fin de la floraison et la vendange ; le n° 2, le nombre des degrés de chaleur (somme des maxima de chaque jour) correspondant ; le n° 3, le nombre de jours de pluie et la quantité d'eau tombée 15 jours avant la vendange ; le n° 4, les quantités d'eau tombées dans les 8 mois qui ont précédé la végétation (du 1er septembre au 1er mai) ; enfin, le n° 5, la densité du moût de ces mêmes années, densité prise à la température de 15° cent.

(Cette question de la densité du moût a été traitée avec développement dans le chapitre du cuvage des vins).

	1838	1839	1840	1841	1842	1843	1844	1845
Nombre de jours de la floraison à la vendange. . N° 1.	100	98	92	97	97	96	99	»
Nombre de degrés de chaleur de la floraison à la vendange. . . . . N° 2.	2210	2099	2198	2026	2357	2195	2234	»
Jours de pluie 15 jours avant la vendange. . . . \} N° 3. .	2	6	6	4	5	10	8	»
Quantités d'eau tombée 15 jours avant la vendange.	0,026	0,034	0,063	0,056	0,028	0.050	0,041	»
Eau tombée du 1er novembre au 1er mai. . . N° 4.		0,430	0,557	0,653	0,570	0,480	0,359	
Densité du moût. . . N° 5.	1,102	1,087	1,104	1,089	1,117	1,099	1,112	»

Il résulte, entre autres faits, de ces tableaux qu'il s'écoule en moyenne 97 jours entre la fin de la floraison et la vendange; qu'en 1842 la moyenne de la température maxima a été de 24°29, et qu'en 1841 elle n'a été que de 20°88 dans cette période de 97 jours; enfin, que l'année 1838, qui, des 7 récoltes dont il s'agit, a donné les vins les plus solides, est celle pour laquelle l'époque de la vendange a été précédée par le moins de pluie (1).

(1) Le tableau n° 4 nous montre qu'en 1844 il n'était tombé au 1er mai, pendant les huit mois précédents, qu'une

Mesures de précaution à prendre pour la vendange.

S'il y a de la rosée dans la vigne que l'on doit vendanger, on doit récolter le matin les raisins des qualités plus communes, et ne mettre qu'à 10 heures les ouvriers dans les vins de premier ordre. Il serait à désirer, enfin, qu'on n'employât que des vendangeurs soigneux : les enfants blessent souvent la vigne, et en compromettent la végétation pour les années suivantes. Si, au lieu de la serpette, on pouvait armer de sécateurs ou de ciseaux chaque ouvrier, le travail serait plus prompt, et le cep souffrirait moins.

A chaque panier de raisin versé dans la balonge, il est utile que le voiturier en foule le mieux possible le fruit. De cette manière, le moût s'échauffe, et est disposé à entrer promptement en fermentation. D'ailleurs, on sait que la grume (le grain) qui n'est point écrasée ne peut fermenter; mais il arrive que, sous l'influence de la chaleur

quantité d'eau de beaucoup inférieure à la moyenne observée. On pouvait donc s'attendre à un automne pluvieux; et certes les prévisions à ce sujet n'ont point été trompées.

On pourrait multiplier la composition des tableaux météorologiques : au moyen de données précises remontant à 30 ans au moins, et des groupements de chiffres qu'on en déduirait, nul doute que l'on n'établisse une discussion très-intéressante des causes qui ont présidé à la venue du raisin. L'examen de ces quatre tableaux peut donner un aperçu des conséquences que l'on peut tirer de ce genre d'études.

et de l'humidité, elle est susceptible d'éprouver dans la cuve un commencement de pourriture très-préjudiciable à la franchise du vin. Dès que le raisin est conduit à la halle du pressoir, la suite des opérations auxquelles il est soumis appartient à la vinification : c'est à ce chapitre que nous en avons fait l'exposé, et que nous les avons discutées.

Avant de terminer ce qui a rapport à la récolte du raisin, je consignerai ici un tableau indiquant la nature des mesures à prendre pour le bon ordre d'une vendange soignée ; enfin je donnerai la statistique du prix de la vendange par ouvrée de 4ª28, et du prix de revient par récolte de pièces de 228 litres.

Tableau à remplir pour l'ordre des Vendanges.

Désignation des baux.	Date du jour de la vendange.	Prix des vendangeurs et porteurs.	Nombre et prix des voituriers.	Nombre de paniers de raisins vendangés dans chaque vigne.	Nombre de voitures de raisins sorties de la vigne.

Dans les années abondantes, c'est-à-dire pour un produit dépassant 114 litres à l'ouvrée de 4ª28, il faut 8 vendangeurs et un porteur pour la récolte de 10 ouvrées, et un voiturier pour 1 hectare. Dans les années dont le produit restera au-dessous de 57 litres à l'ouvrée, il suffira de 6 vendangeurs pour la récolte de 10 ouvrées, et 1 voiturier pour 35 ouvrées.

	1837	1838	1839	1840	1841	1842	1843	1844
Prix de la vendange par ouvrée de 4 ares 28 centiares (tous frais compris).	3 f. 40	1 f. 10	1 f. 37	2 f. 80	2 f. 84	1 f. 94	1 f. 40	1 f. 80
Prix de la vendange par pièce de vin récoltée. .	5 03	8 94	8 60	5 49	5 60	6 95	8 50	8 20

RÉSUMÉ.

En résumé, d'après l'influence de l'époque de la vendange sur les qualités des vins fins, il est important que la mission d'en fixer le moment soit déférée à un comité de propriétaires et de négociants, chargé de discuter toutes les données qui auront présidé à la venue du fruit.

Dans le raisin qui n'aura point atteint sa maturité, le bitartrate acide de potasse dominera, et le vin produit, quoique vert, présentera un bouquet prononcé, et devra des principes de durée et de bonne fin à la haute proportion de sels acides qu'il contiendra (vins de Bourgogne en 1829, 1837 et 1838, et certains vins du Rhin).

Dans le raisin dont on aura dépassé la maturité, il y aura, si l'automne est chaud et sec, une haute proportion de matières sucrées; ces vins se rapprocheront des vins du Midi, et devront à l'alcool leurs principes de conservation.

Mais si l'automne est pluvieux, le suc du raisin

contiendra un principe de fermentation putride qui compromettra l'avenir du vin qui en sera le produit. Les pluies qui accompagnent la vendange sont, avec la grêle, les deux fléaux qui ont le plus compromis certaines de nos récoltes (exemple, les vins de 1840).

Si la fleur a passé rapidement, la détermination du moment de la vendange est très-difficile, parce que les raisins dépasseront promptement le point de maturité convenable pour un bon vin.

Si la floraison a duré plus de temps, on trouvera à l'époque de la vendange assez de variété dans la maturité du fruit, pour qu'il y ait plus de chances d'opportunité dans le moment choisi pour la récolte.

Suivant la manière dont se seront présentés les mois de juillet et d'août, au double point de vue de la chaleur et des quantités d'eau tombées, la maturation n'aura point marché dans les terrains de calcaire siliceux et dans les alluvions sablonneuses comme dans les calcaires marneux et dans les alluvions argileuses.

La comparaison des données météorologiques qui auront présidé à la croissance du fruit pendant une période de 30 ans au moins, étant d'une grande importance pour la fixation du moment de la vendange, il serait utile que l'on pût obtenir du Bureau des longitudes les tableaux de ses observations faites pendant tous les mois de l'année, depuis et y compris 1815 au moins (mieux vaudrait encore depuis 1800), et représentant : 1° la tem-

pérature maxima et minima de chaque jour;
2° les degrés de l'hydromètre à 9 heures et à midi;
3° les vents à midi; 4° enfin les quantités d'eau
tombées chaque jour, et le nombre de jours de
pluie de chaque mois.

Les qualités du raisin dépendront encore de la
récolte qui en sera faite par un beau temps, et
quand il ne sera plus couvert de rosée. Enfin, il
sera essentiel de recommander aux vendangeurs
de ne point blesser les ceps, et aux voituriers de
fouler les raisins au fur et à mesure qu'ils seront
versés dans leurs balonges.

Telles sont les données qui devront servir de
base à la détermination de l'époque de la vendange, et à une bonne direction de la récolte des
vins.

A. DE VERGNETTE-LAMOTTE.

DE L'EMPLOI DU SUCRE

DANS LES VINS DE BOURGOGNE.

Le vin, considéré chimiquement, est une dissolution, dans un alcool très-étendu d'eau, de sels divers, d'acides végétaux, de mucilage, de tannin, et de matière colorante.

L'eau seule, abandonnée à elle-même au contact de l'air, entre promptement en décomposition.

L'alcool, les sels, les acides, le tannin, le sucre, sont les principes auxquels on doit la conservation de toutes les préparations végétales et animales destinées à l'alimentation de l'homme ou à ses usages.

Le vin présente dans sa composition, à des doses diverses, tous ces principes de conservation.

L'industrie et la science ont inventé de suppléer, par différentes additions, à ce que la nature refusait au vin dans certaines années. De là s'est établi et propagé l'emploi de l'alcool, du tannin et du sucre.

Le tannin, sous forme de teinture de cachou

ou de tannin pur, est principalement employé par le Bordelais et la Champagne. Le sucre l'est plus particulièrement par la Bourgogne; l'alcool, par les falsificateurs des grands centres de population.

Chaptal, qui était né dans le Midi, et, comme tel, n'estimait le vin qu'en proportion de sa force alcoolique, a considéré l'alcool comme le principal élément conservateur des vins, et c'est sur cette base qu'ont été élevés les tristes éléments de vinification qui nous régissent encore aujourd'hui.

Avant Chaptal, nos raisins, vendangés plus tôt, et par conséquent dans de meilleures conditions de température, étaient plus riches en sels, en tannin et en acides : car on sait que, par l'effet de la végétation, ce sont les acides qui se transforment en matières sucrées et en mucilage par une déperdition d'oxygène.

Depuis Chaptal, on a cherché à obtenir une maturité qui rapprochât nos raisins des raisins plus sucrés des pays méridionaux.

Quand la maturité n'a pas paru suffisante, on a ajouté au moût, ou au vin nouvellement tiré de la cuve, différentes sortes de sucre en diverses proportions.

Que le sucre ait été additionné au moût de la cuve ou au vin décuvé, il subit les mêmes transformations : seulement, s'il y a moins de perte quand on chaptalise ou procède le vin au tonneau, la fermentation du liquide se prolonge davantage.

Qu'il s'agisse des sucres raffinés, des sucres bruts de canne, ou des sucres de fécule, les corps nouveaux qui naissent de leur décomposition dans la cuve sont à peu près les mêmes. Toutefois, les sucres de fécule sont ceux qui ont donné les plus fâcheux résultats.

Le sucre ajouté au vin ne produit pas le même effet, suivant qu'il est employé à faible ou à haute dose.

La dose ne dépassant pas 2 kilogrammes par pièce de 228 litres, il arrive qu'il existe dans le raisin assez de ferment pour que toute la matière sucrée (naturelle ou artificielle) de la cuve soit décomposée. Quand le sucre a entièrement fermenté, il augmente la proportion d'alcool du liquide.

A haute dose, dépassant 10 kilogrammes par pièce de 228 litres, la plus grande partie de la matière sucrée reste dans le vin à l'état de sucre; et la dissolution, chimiquement parlant, pourra se comporter comme les sirops.

A dose intermédiaire de 2 à 10 kilogrammes par pièce de 228 litres, il y aura toujours incertitude sur la manière dont le sucre aura agi. Dans ce cas, il est probable qu'il sera resté dans le vin une portion de sucre non altéré. Il se comportera donc comme un liquide riche en alcool et en matières sucrées non décomposées.

La coloration des vins s'obtient comme toute teinture dont le but est de fixer les matières colorantes sur certaines substances. Dans la cuve, on retrouve la substance à teindre, qui est l'eau; le mordant, qui est le bitartrate de potasse; enfin, la matière colorante, qui est contenue dans la cellule du grain, et ne devient soluble que par la présence de l'alcool.

Comme on a remarqué que certains vins de qualité offraient une teinte plus prononcée, on a cherché, dans le but de donner à nos produits un aspect plus flatteur sous ce point de vue, à augmenter la couleur du vin. En élevant le degré alcoolique par l'addition du sucre, on a aidé à la dissolution de la matière colorante, et, en réalité, donné au liquide une couleur plus riche et plus veloutée.

La fermentation de toute matière sucrée donne, entre autres produits, un corps hydrogène analogue aux huiles essentielles, et particulier pour chaque espèce de sucre. Cette substance imprime au vin une saveur âcre et pénétrante, qui se prononce surtout au moment de la déglutition.

Ainsi, en résumé, au premier examen, les vins sucrés ont plus de parties alcooliques, plus de moelleux, plus de couleur, sont, en un mot, plus *marchands*, et n'ont contre eux qu'une saveur particulière dont la sensation se détermine surtout à l'arrière-gorge.

Voyons maintenant ce que deviennent ces qualités.

Les vins chaptalisés dans lesquels tout le sucre a subi la fermentation alcoolique, étant très-spiritueux, agissent d'une manière énergique sur l'économie animale, et peuvent être très-préjudiciables à la santé. Le consommateur n'est point long à s'en apercevoir; il en modère d'abord l'usage; plus tard, il le quitte entièrement.

Les vins *vinés* par l'addition en nature de l'alcool ont une action encore plus funeste sur les voies digestives, l'alcool pur se comportant dans le canal alimentaire comme les poisons inorganiques qui se combinent avec les membranes muqueuses.

Les vins sucrés à haute dose, se rapprochant des vins du Midi, flattent agréablement le palais quand ils sont vieux; on en boit avec plaisir un premier verre, mais on est vite arrivé à la satiété. Ce cachet étranger imprimé à nos vins contribue donc encore à en diminuer la consommation.

D'ailleurs, comme le tannin et le bitartrate de potasse sont moins solubles dans un liquide très-chargé d'alcool que dans un vin qui n'a pas été sucré, il en résulte qu'on a éliminé du produit chaptalisé certaines portions des substances qui entrent dans la composition du vin et concourent à sa conservation : ce qui nous explique encore pourquoi les vins procédés ont moins de bouquet et doucinent plus que ceux qui ne le sont pas.

On sait en outre que 100 parties de sucre en poids donnent 51,34 d'alcool, et en volume 64,89 d'alcool à 0,79; mais 62,89 d'alcool à 0,79 correspondent à 70,50 d'alcool à 0,82.

En admettant 12,00 pour moyenne de la vinosité des vins de Bourgogne, le moût correspondant doit être chargé de 17 0/0 de sucre : d'où l'on conclut que 3 kilog. 24 de sucre par pièce de 228 litres augmentent la vinosité de 1 0/0. Les vins chaptalisés à 6 kilog. 50 par pièce de 228 litres sont donc portés à 14 0/0 d'alcool. Les vins de Lunel et d'autres vins du Midi n'en contiennent pas une plus forte proportion.

L'excès de matières colorantes que l'on a introduites dans le vin dans le but de lui donner un aspect plus flatteur, n'a point trouvé dans le suc du raisin trop mûr assez de mordant pour les fixer d'une manière stable sur l'eau de dissolution. Cette couleur se comporte donc comme, en teinture, se comportent toutes les teintes fugaces : le vin se décolore sans cesse, et cette séparation continue de matières colorantes entretient dans sa masse un dépôt floconneux permanent, qui nuit d'abord à la limpidité du liquide, et peut ensuite contribuer à y déterminer une fermentation maladive.

La saveur âcre et pénétrante qui se manifeste à la déglutition de tout vin sucré, détruit, et au-delà, la sensation agréable qui a pu résulter du premier contact des houppes nerveuses du palais avec un liquide corsé et moelleux.

Enfin, comme les vins sucrés demandent à être vieux pour obtenir plus de fondu, on les a chauffés dans le but d'en hâter la fermentation; et on ne s'est pas préoccupé de ce fait, que toute fermentation secondaire d'un produit alcoolique qui s'établit à une température de 30 à 35° cent., donne nécessairement de petites quantités d'acide acétique, et transforme une partie du sucre en mannite, qui est une substance moins oxygénée.

Mais si maintenant nous voulons examiner ce qui peut résulter de fâcheux, pour la santé des vins, du mélange des vins procédés avec les vins non procédés, on n'hésitera pas à attribuer à cette cause une partie de leurs maladies.

Quelques propriétaires, sur les demandes du commerce, ont aussi, dans leur intérêt personnel, eu recours à l'emploi du sucre pour *améliorer* leurs vins; et voici comment ils ont dû opérer pour l'écoulement de leurs produits. Ils ont procédé à haute dose leurs secondes cuvées, en laissant les premiers crus purs de toute addition. Mais, d'après les errements fâcheux introduits dans le pays, ces vins, trop spiritueux pour être livrés en nature à la consommation, ont été plus tard ajoutés aux crus d'ordre, que l'on a pensé devoir *soutenir* en les mélangeant à une faible dose au vin plus riche en alcool des cuvées chaptalisées. Cette mesure a présenté les plus déplorables résultats. En effet, que se passe-t-il dans cette opération? Le vin non sucré peut contenir un reste de ferment, sans présence de matières sucrées; le vin procédé contient au contraire un excès de sucre sans ferment. En mettant en présence ces deux sortes de vins, il arrive qu'on obtient un liquide dans lequel se trouvent tous les éléments d'une fermentation nouvelle, et on peut être assuré qu'il en résultera souvent un composé livré à la maladie et à la destruction : car, dès que les conditions qui ont présidé à la formation des combinaisons chimiques viennent à changer, les éléments qui les composent se groupent dans un ordre différent.

Voilà, dans le simple exposé de ce fait chimique, la cause première de toutes les fermentations secondaires maladives qui s'emparent si souvent des vins mélangés.

On m'a objecté que les vins, même non sucrés, fermentaient dans la première année. Oui; mais cette fermentation est la suite du travail de la cuve, tandis que la fermentation des mélanges entraîne à sa suite toutes les conséquences résultant des combinaisons de corps nouveaux mis en présence. De plus, tout mélange produit une élévation de température, et toute élévation de température aide au développement des affinités chimiques.

On a dit que les Bordelais faisaient chaque jour une redoutable concurrence à nos vins. Je le comprends, en tant que l'on n'oppose à leurs produits que des vins aussi spiritueux que les vins chaptalisés. Mais le jour où l'on aura complètement renoncé à l'emploi du sucre, pourquoi nos crus déclassés ne reprendraient-ils pas leur rang? Nos vins ne contiennent pas plus d'alcool que les vins de Bordeaux. Vendangés dans de bonnes conditions, ils sont aussi solides qu'eux; et, en fin de compte, ils leur sont supérieurs à cet endroit, qu'il est inutile, pour leur donner un cachet de finesse remarquable, de les alonger avec des produits étrangers. En un mot, nos vins sont complets, et la Bourgogne, elle, n'a nul besoin de s'aller recruter dans l'Ermitage, ou certains vignobles du Roussillon ou de l'Espagne.

On a encore prétendu que les consommateurs

des vins de Bourgogne demandent des vins plus
corsés que jadis, et tiennent moins qu'autrefois au
cachet de finesse qui faisait le principal mérite de
nos vins. Je répondrai que l'emploi du sucre ne
remplit pas, à ce point de vue, le but qu'on se propose, puisqu'il donne soit un vin très-spiritueux,
soit un vin sirupeux et empâtant, et que les bordeaux, qui nous font concurrence, n'ont aucun de
ces caractères. En vendangeant plus tôt et dans de
meilleures conditions de température, les vignes
de bons crus donneront des vins solides, qui présenteront aux consommateurs les plus délicats les
mêmes qualités que jadis. Aux terrains marneux
des coteaux on devra les vins plus corsés que le
commerce recherche aujourd'hui. Enfin, la plaine,
qu'une fausse spéculation a plantée en pineau, sera,
par la force des choses, rendue à sa vraie production, celle du gamay. — C'est aux vins faibles qui
proviennent de cette dernière culture, et aux produits inférieurs des années médiocres, qu'on doit
la propagation de l'emploi du sucre. En effet, la propriété et le commerce ayant cherché à tirer un parti
avantageux des secondes cuvées de noirien, l'addition au moût de matières sucrées a semblé devoir
résoudre le problème. Ces vins secondaires, qui
n'auraient jamais paru dans le commerce des vins
fins, y sont entrés, le sucre aidant, et c'est ce produit nouveau qui a éloigné le consommateur de nos
grands vins, qui pourront, eux, toujours se bien
présenter et bien finir sans l'emploi des procédés
de Chaptal.

C'est ainsi que la Bourgogne pouvait porter, par ses mousseux, un rude échec à la Champagne; mais la spéculation a introduit les crus inférieurs dans la fabrication des mousseux, et les mousseux ont été perdus pour la Bourgogne.

Enfin, c'est dans les sels, les acides végétaux, le sucre et le tannin existant dans le suc du raisin, que nous devons chercher les seuls éléments de la conservation de nos vins. En vendangeant plus tôt, en classant les cuvées, en renonçant aux engrais azotés et au sucre, en modifiant la culture, en apportant plus de soins à nos procédés de cuvage et de vinification, on arrivera à une réforme qui nous aura promptement ramené le consommateur; mais si nous persistions à vouloir SOUTENIR ET AMÉLIORER nos vins par l'addition du sucre, toutes les autres réformes n'aboutiront qu'à un résultat incomplet. Il restera à l'art, dans un but de conservation, l'emploi de l'acide sulfureux ou du charbon animal, qui agissent comme des oxydants (soufrage des vins); l'exposition des vins au froid (congélation à un faible degré des vins dans les hivers dont la température restera au-dessous de 10° cent.); enfin, la soustraction de nos produits à la chaleur des saisons, soit par leur séjour dans les caves fraîches, soit, dans les expéditions, par leur isolement des corps plus chauds, isolement qu'on peut obtenir par l'encaissement des futailles au milieu des substances qui conduiront mal le calorique, telles que la paille, la laine, le charbon pilé.

Dans cette question si grave de la santé et de la

qualité des vins, je ne crois pas à la chimie d'autre pouvoir que celui de nous signaler la nature des causes qui contribuent au mal, dans le but de diriger dans une voie plus rationnelle nos méthodes de culture et de vinification.

La science ne doit pas aller au-delà, et jamais elle ne fabriquera de toutes pièces ce que le soleil et le terrain auront refusé à nos produits. En un mot, jamais Surennes et Argenteuil ne deviendront les rivaux heureux de Volnay et de Chambertin.

Je terminerai enfin par ce fait, que les négociants qui ont le moins cru aux effets tant vantés du sucre, et ont eu plus de confiance, soit à des approvisionnements considérables dans les années de qualité, soit à l'addition des vins plus durs des arrière-côtes, soit à l'emploi du tannin, emploi si répandu dans le Bordelais, soit au mélange des vins gelés ou vins étrangers, plus acerbes que sucrés, sont certainement ceux qui, dans ces dernières années, ont essuyé le moins de reproches de la part de leurs clients.

En résumé, si les vins du Midi doivent leurs qualités à la haute proportion de sucre et d'alcool qu'ils contiennent, les vins de la Côte-d'Or, comme les vins de Bordeaux, sont surtout riches en tartrate acide de potasse et de fer et en tannin : c'est à ces deux éléments qu'ils doivent leurs caractères, et, en partie, leurs principes de conservation, puisque en moyenne ils ne donnent à la distillation que 12 0/0 d'alcool. D'après cette composition, ils sont d'un usage éminemment salutaire. Toute addition de sucre faite à nos vins en change la nature chimique, et contribue en outre à leur enlever le cachet de finesse et de bouquet qui leur est particulier. Il est donc de la plus grande importance de renoncer à son emploi, et on doit engager les négociants et les propriétaires à concourir de tout leur pouvoir à la réaction qui, depuis 1842, a commencé à s'opérer dans notre vignoble contre les procédés de vinification conseillés par Chaptal.

A. DE VERGNETTE-LAMOTTE.